Archimède

Des Hélices

Essai

 Le code de la propriété intellectuelle du 1er juillet 1992 interdit en effet expressément la photocopie à usage collectif sans autorisation des ayants droit. Or, cette pratique s'est généralisée dans les établissements d'enseignement supérieur, provoquant une baisse brutale des achats de livres et de revues, au point que la possibilité même pour les auteurs de créer des œuvres nouvelles et de les faire éditer correctement est aujourd'hui menacée. En application de la loi du 11 mars 1957, il est interdit de reproduire intégralement ou partiellement le présent ouvrage, sur quelque support que ce soit, sans autorisation de l'Éditeur ou du Centre Français d'Exploitation du Droit de Copie , 20, rue Grands Augustins, 75006 Paris.

ISBN : 978-1977742995

10 9 8 7 6 5 4 3 2 1

Archimède

Des Hélices

Essai

Table de Matières

Des Hélices 6

Commentaire sur le livre Des Hélices 63

Des Hélices

ARCHIMÈDE À DOSITHÉE. SALUT

Tu me pries sans cesse d'écrire les démonstrations des théorèmes que j'avais envoyés à Conon. Tu as déjà plusieurs de ces démonstrations dans les livres qu'Héraclides t'a portés; et je t'en envoie quelques autres qui se trouvent dans celui-ci. Ne sois pas étonné si j'ai différé si longtemps de mettre au jour les démonstrations de ces théorèmes. La cause en a été que j'ai voulu laisser le temps de les trouver aux personnes versées dans les mathématiques, qui auraient désiré s'occuper de cette recherche. Car combien y a-t-il de théorèmes en géométrie qui paraissent d'abord ne présenter aucun moyen d'être connus et qui dans la suite deviennent évidents ? Conon mourut sans avoir eu le temps de trouver ces démonstrations, et a laissé à ces théorèmes leur obscurité; s'il eût vécu, il les eût trouvées sans doute; et par ces découvertes et par plusieurs autres, il eût reculé les bornes de la géométrie. Car nous n'ignorons pas que cet homme avait une capacité et une industrie admirables dans cette science. Plusieurs années se sont écoulées depuis sa mort, et je ne sache pas cependant qu'il se soit trouvé personne qui ait résolu quelqu'un de ces problèmes. Je vais les exposer tous les uns après les autres. Il est arrivé que deux problèmes qui ont été mis séparément dans ce livre sont tout à fait défectueux. De sorte que ceux qui se vantent de les avoir tous découverts sans en apporter aucune démonstration sont réfutés par cela seul, qu'ils confessent avoir trouvé des choses qui ne peuvent l'être d'aucune manière (α).

Je vais te faire connaître quels sont ces problèmes ; de quels problèmes sont les démonstrations que je t'ai envoyées, et de quels problèmes, sont celles qui se trouvent dans ce livre.

1. Une sphère étant donnée, trouver une surface plane égale à la surface de cette sphère.

Ce problème est résolu dans le livre que j'ai publié sur la sphère; car puisqu'on a démontré que la surface d'une sphère est quadruple d'un des grands cercles de cette sphère, il est facile de voir comment il est possible de trouver une surface plane égale à la surface d'une sphère.

2. Un cône ou un cylindre étant donné, trouver une sphère égale à ce cône ou à ce cylindre.

3. Couper une sphère par un plan, de manière que ses segments aient entre eux une raison donnée.

4. Couper une sphère donnée par un plan, de manière que les surfaces des segments aient entre elles une raison donnée.

5. Un segment sphérique étant donné, le rendre semblable à un segment sphérique donné (β).

6. Étant donnés deux segments sphériques de la même sphère ou de différentes sphères, trouver un segment sphérique qui soit semblable à l'un d'eux et qui ait une surface égale à celle de l'autre.

7. Retrancher un segment d'une sphère donnée, de manière que le segment et le cône qui a la même base et la même hauteur que ce segment aient entre eux une raison donnée : cette raison ne peut pas être plus grande que celle de trois à deux.

Héraclides t'a porté les démonstrations de tous les problèmes dont nous venons de parler. Ce qui avait été mis séparément après ces problèmes est faux. Voici ce qui venait ensuite :

1. Si une sphère est coupée par un plan en deux parties inégales, la raison du plus grand segment au plus petit est doublée de celle de la plus grande surface à la plus petite.

Ce qui est évidemment faux d'après ce qui t'a déjà été envoyé (*de la Sph. et du Cyl.* 2. 9.).

2. Ceci était encore ajouté aux problèmes dont nous avons parlé. Si une sphère est coupée en deux parties inégales par un plan perpendiculaire : sur un de ses diamètres, la raison, du plus grand segment au plus petit est la même que celle du plus grand segment du diamètre au plus petit.

Car la raison du plus grand segment de la sphère au plus petit est moindre que la raison doublée de la plus grande surface à la plus petite ; et plus grande que la raison sesquialtère (*de la Sph. et du Cyl.* 2. 9.).

3. On avait enfin ajouté le problème suivant qui est encore faux : Si un diamètre d'une sphère quelconque est coupé de manière que le carré construit sur le plus grand segment soit triple de celui qui est construit sur le plus petit ; et si le plan, qui est conduit par ce

point perpendiculairement sur le diamètre, coupe la sphère, le plus grand segment sera le plus grand de tous les segments sphériques qui ont une surface égale.

Cela est évidemment faux d'après les théorèmes que je t'ai déjà envoyés ; car il est démontré que la demi-sphère est le plus grand de tous les segments qui ont une surface égale (*de la Sph. et du Cyl.* 2. 10.).

On proposait ensuite ce qui suit relativement au cône :

1. Si une parabole, le diamètre restant immobile, fait une révolution de manière que le diamètre soit l'axe, la figure décrite par la parabole s'appellera conoïde.

2. Si un plan touche un conoïde, et si un autre plan parallèle au plan tangent retranche un segment du conoïde, le plan coupant s'appellera la base du segment qui est produit, et le point où le premier plan touche le conoïde, s'appellera son sommet.

3. Si la figure dont nous venons de parler est coupée par un plan perpendiculaire sur l'axe, il est évident que la section sera un cercle : mais il faut démontrer que le segment produit par cette section est égal aux trois moitiés du cône qui a la même base et la même hauteur que ce segment.

4. Si deux segments d'un conoïde sont retranchés par des plans conduits d'une manière quelconque, il est évident que les sections seront des ellipses, pourvu que les plans coupants ne soient pas perpendiculaires sur l'axe : mais il faut démontrer que ces segments sont entre eux comme les carrés des droites menées de leurs sommets au plan coupant parallèlement à l'axe.

Je ne t'envoie pas encore ces démonstrations.

On proposait enfin ce qui suit, relativement aux hélices. Ce sont des problèmes qui n'ont rien de commun avec ceux dont nous venons de parler. J'en ai écrit pour toi les démonstrations dans ce livre. Voici ce que l'on proposait :

1. Si une ligne droite, une de ses extrémités restant immobile, tourne dans un plan avec une vitesse uniforme jusqu'à ce qu'elle soit revenue au même endroit d'où elle avait commencé à se mouvoir, et si un point se meut avec une vitesse uniforme dans la ligne qui tourne, en partant de l'extrémité immobile, ce point décrira une

hélice dans un plan. Je dis que la surface qui est comprise par l'hélice, et par la ligne droite revenue au même endroit d'où elle avait commencé à se mouvoir est la troisième partie d'un cercle qui a pour centre, le point immobile, et pour rayon la partie de la ligne droite qui a été parcourue par le point dans une seule révolution de la droite.

2. Si une droite touche l'hélice à son extrémité dernière engendrée, et si de l'extrémité immobile de la ligne droite qui a tourné et qui est revenue au même endroit d'où elle était partie, on mène sur cette ligne une perpendiculaire qui coupe la tangente; je dis que cette perpendiculaire est égale à la circonférence du cercle.

3. Si la ligne droite qui a tourné et le point qui s'est mu dans cette ligne continuent de se mouvoir en réitérant leurs révolutions, et en revenant au même endroit d'où ils avoient commencé à se mouvoir, je dis que la surface comprise par l'hélice de la troisième révolution est double de la surface comprise par l'hélice de la seconde ; que la surface comprise par l'hélice de la quatrième est triple ; que la surface comprise par l'hélice de la cinquième est quadruple; et qu'enfin les surfaces comprises par les hélices des révolutions suivantes sont égales à la surface comprise par l'hélice de .la seconde révolution multipliée par les nombres qui suivent ceux dont nous venons de parler. Je dis aussi que la surface comprise par l'hélice de la première révolution est la sixième partie de la surface comprise par l'hélice de la seconde.

4. Si l'on prend deux points dans une hélice décrite dans une seule révolution, si de ces points on mène des droites à l'extrémité immobile de la ligne qui a tourné, si l'on décrit deux cercles qui aient pour centre le point immobile et pour rayons les droites menées à l'extrémité immobile de la ligne qui a tourné, et si l'on prolonge la plus petite de ces droites; je dis que la surface comprise tant par la portion de la circonférence du plus grand cercle, qui est sur la même hélice entre ces deux droites, que par l'hélice et par le prolongement de la; plus petite droite est à la surface comprise tant par la portion de la circonférence du plus petit cercle, que par la même hélice et par la droite qui joint leurs extrémités, comme le rayon du petit cercle, conjointement avec les deux tiers de l'excès du rayon du plus grand cercle sur le rayon du plus petit est au rayon du plus petit cercle, conjointement avec le tiers de l'excès

dont nous venons de parler.

J'ai écrit dans ce livre les démonstrations des choses dont je viens de parler, et les démonstrations d'autres choses qui regardent l'hélice. Je fais précéder, comme les autres géomètres, ce qui est nécessaire pour démontrer ces propositions ; et parmi les principes dont je me suis servi dans les livres que j'ai publiés, je fais usage de celui-ci :

Des lignes et des surfaces étant inégales, si l'excès de la plus grande sur la plus petite est ajouté un certain nombre de fois à lui-même, il peut arriver que cet excès, ainsi ajouté à lui-même, surpasse une certaine quantité proposée parmi celles qui sont comparées entre elles.

PROPOSITION I.

Si un point se meut dans une ligne avec une vitesse uniforme, et si dans cette ligne on en prend deux autres, ces deux dernières seront entre elles comme les temps que ce point a employés à les parcourir.

Qu'un point soit mu avec une vitesse égale dans la ligne AB. Prenons les deux lignes ΓΔ, ΔE. Que le temps employé par ce point à parcourir la ligne ΓΔ soit ZH, et le temps employé par ce même point à parcourir la ligne ΔE soit HΘ. Il faut démontrer que la ligne ΓΔ est à la ligne ΔE comme le temps ZH est au temps HΘ.

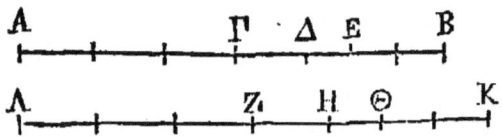

Que les lignes ΛΔ, ΔB soient composées des ligues ΓΔ, ΔB, comme on voudra, de manière que ΛΔ surpasse ΔB. Que le temps ZH soit contenu dans le temps ΛH autant de fois que la ligne ΓΔ l'est dans la ligne ΔB ; et que le temps ΘH soit contenu dans le temps KH autant de fois que la ligne ΔE l'est dans ΔB. Puisque l'on suppose qu'un point se meut avec une vitesse égale dans la ligne AB, il est évident que le temps employé par ce point à parcourir la ligne ΓΔ sera égal au temps employé par ce même point à parcourir chacune des lignes qui sont égales à ΓΔ. Donc ce point a parcouru la ligne composée AΔ dans un temps égal au temps ΛH ; parce que la ligne ΓΔ est supposée contenue dans la ligne AΔ autant de fois que le temps ZH l'est dans le temps ΛH. Par la même raison, le point a parcouru la droite BΔ dans un temps égal au temps KH. Donc, puisque la ligne AΔ est plus grande que BΔ, il est évident que le temps employé par le point à parcourir la ligne AΔ sera plus grand que le temps employé par ce même point à parcourir BΔ. Donc le temps ΛH est plus grand que le temps KH.

Si des temps sont composés des temps ZH, HΘ, comme on voudra, de manière que l'un surpasse l'autre, on démontrera pareillement que parmi les lignes qui sont composées de la même manière des lignes ΓΔ, ΔE, l'une surpassera l'autre, et ce sera celle qui est homologue au temps le plus grand. Il est donc évident que la droite ΓΔ est à la droite ΔE comme le temps ZH est au temps HΘ (α).

PROPOSITION II.

Si deux points se meuvent dans deux lignes, chacun avec une vitesse uniforme, et si l'on prend dans chaque ligne deux lignes dont les premières ainsi que les secondes soient parcourues par ces points dans des temps égaux, les lignes qui auront été prises seront proportionnelles entre elles.

Qu'un point se meuve avec une vitesse uniforme dans une ligne AB et un autre point dans une autre ligne KΛ. Prenons dans la ligne AB les deux lignes ΓΔ, ΔE, et dans la ligne KΛ les deux lignes ZH, HΘ ; que le point qui se meut dans la ligne AB parcoure la ligne ΓΔ dans un temps égal à celui pendant lequel l'autre point qui se meut dans la ligne KΛ parcourt la ligne ZH. Pareillement, que le premier point parcoure la ligne ΔE dans un temps égal à celui pendant lequel l'autre point parcourt la ligne HΘ. Il faut démontrer que ΓΔ est à ΔE comme ZH est à HΘ.

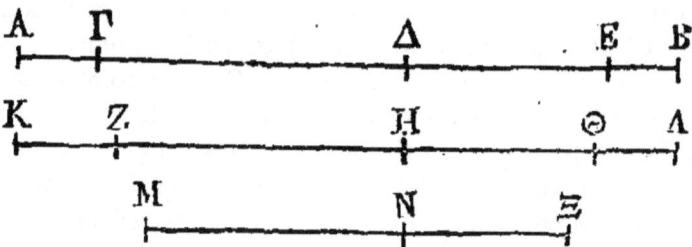

Que le temps pendant lequel le premier point parcourt la ligne ΓΔ soit MN. Pendant ce temps, l'autre point parcourra la ligne ZH. De plus, que le temps pendant lequel le premier point parcourt la ligne ΔE soit NΞ ; pendant ce temps l'autre point parcourra aussi la ligne HΘ. Donc la ligne ΓΔ sera à la ligne ΔE comme le temps MN est au temps NΞ, et la ligne ZH sera à la ligne HΘ comme le temps MN est au temps NΞ. Il est donc évident que ΓΔ est à ΔE comme ZH est à HΘ.

PROPOSITION III.

Des cercles quelconques étant donnés, on peut trouver une droite plus grande que la somme des circonférences de ces cercles.

Car ayant circonscrit un polygone à chaque cercle, il est évident que la droite composée de tous les contours est plus grande que la somme des circonférences de ces cercles.

PROPOSITION IV.

Deux lignes inégales étant données, savoir une droite et une circonférence de cercle, on peut prendre une droite qui soit plus petite que la plus grande des lignes données et plus grande que la plus petite.

Car si la droite est divisée en autant de parties égales que l'excès de la plus grande ligne sur la plus petite doit être ajouté à lui-même pour surpasser cette droite, une partie de cette droite sera plus petite que cet excès. Si la circonférence est plus grande que la droite, et si l'on ajoute à la droite une de ses parties, il est évident que cette seconde droite sera encore plus grande que la plus petite des lignes données et plus petite que la plus grande. Car la partie ajoutée est plus petite que l'excès.

PROPOSITION V.

Un cercle et une tangente à ce cercle étant donnés, on peut mener du centre à la tangente une droite, de manière que la raison de la droite placée entre la tangente et la circonférence du cercle au rayon soit moindre que la raison de l'arc placé entre le point de contact et la droite menée du centre à la tangente à un arc quelconque donné.

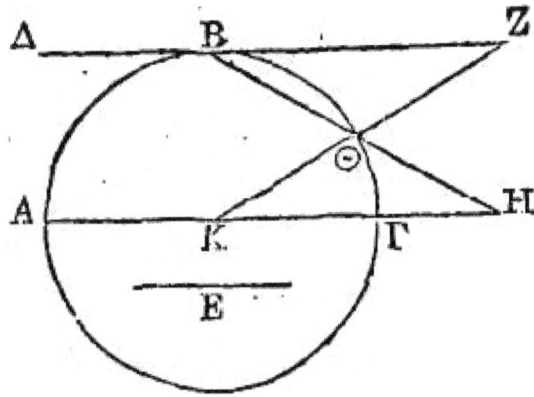

Que ABΓ soit le cercle donné; que son centre soit le point K ; que la droite ΔZ touche le cercle au point B. Soit donné aussi un arc quelconque. On peut prendre une droite plus grande que l'arc donné ; que cette droite soit E. Par le centre conduisons la droite AH parallèle à ΔZ; supposons que la droite HΘ dirigée vers le point B soit égale à la droite E, et prolongeons la droite menée du centre K au point Θ. La raison de ΘZ à ΘK sera la même que la raison de BΘ à ΘH. Donc la raison de ZΘ à ΘK sera moindre que la raison de l'arc BΘ à l'arc donné ; parce que la droite BΘ est plus petite que l'arc BΘ, tandis que la droite ΘH est plus grande que l'arc donné. Donc aussi la raison de la droite ZΘ au rayon est moindre que l'arc BΘ à l'arc donné.

Des Hélices

PROPOSITION VI.

Etant donnés un cercle, et dans un cercle une ligne plus petite que le diamètre, il est possible de mener du centre à la circonférence une droite qui coupe la ligne donnée dans le cercle, de manière que la raison de la droite placée entre la circonférence et la ligne donnée dans le cercle à la droite menée de l'extrémité du rayon qui est dans la circonférence à une des extrémités de la ligne donnée dans le cercle soit la même qu'une raison proposée; pourvu que cette raison soit moindre que celle de la moitié de la ligne donnée dans le cercle à la perpendiculaire menée du centre sur cette ligne.

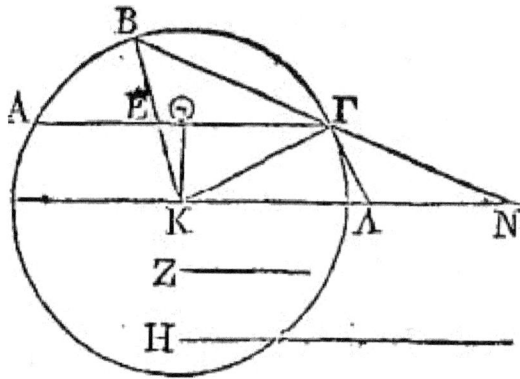

Que ABΓ soit le cercle donné, et que son centre soit le point K. Soit donnée dans ce cercle la ligne ΓA plus petite que le diamètre; et que la raison de Z à H soit moindre que la raison de ΓΘ à KΘ, la droite KΘ étant perpendiculaire sur ΓA. Du centre menons KN parallèle à AΓ et ΓΛ perpendiculaire sur KΓ. Les triangles ΓΘK, ΓKΛ sont semblables. Donc ΓΘ est à ΘK comme KΓ est à ΓΛ. Donc la raison de Z à H est moindre que la raison de KΓ à ΓΛ. Que la raison de la droite KΓ à une droite BN plus grande que ΓΛ soit la même que la raison de Z à H; et plaçons la droite BN entre la circonférence et la ligne KN, de manière qu'elle passe par le point Γ. Cette droite qui peut être coupée ainsi, tombera au-delà de ΓΛ, puisqu'elle est plus grande que ΓΛ (α). Donc, puisque BK est à BN comme Z est à H, la droite EB sera aussi à BΓ comme Z est à H.

Archimède

PROPOSITION VII

Les mêmes choses étant données, et la ligne donnée dans le cercle étant prolongée, on pourra mener du centre sur le prolongement de cette ligne une droite, de manière que la droite placée entre la circonférence et le prolongement de là ligne, et la droite menée de l'extrémité du rayon prolongé à l'extrémité de la ligne prolongée aient entre elles une raison proposée; pourvu que cette raison soit plus grande que la raison de la demi-ligne donnée dans le cercle à la perpendiculaire menée du centre sur cette ligne.

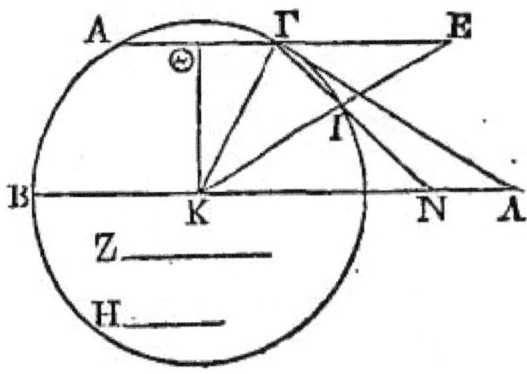

Soient données les mêmes choses qu'auparavant. Prolongeons la ligne qui est donnée dans le cercle. Que la raison donnée soit celle de Z à H, et que cette raison soit plus grande que celle de ΓΘ à ΘΚ. Cette raison sera encore plus grande que la raison de ΚΓ à ΓΛ. Que la raison de la droite ΚΓ à une droite IN, plus petite que ΓΛ, soit la même que la raison de Z à H, et que la droite IN soit dirigée vers le point Γ. Cette droite qui peut, être coupée ainsi tombera en deçà de ΓΛ, parce qu'elle est plus petite que ΓΛ. Donc, puisque ΚΓ est à IN comme Z est à H, la droite EI sera à la droite IΓ comme Z est à H.

PROPOSITION VIII.

Etant donné un cercle, et dans ce cercle une ligne plus petite que le diamètre; étant donnée de plus une ligne qui touche le cercle à une des extrémités de la ligne donnée dans ce cercle, on peut mener du centre une droite, de manière que la partie de cette droite placée entre la circonférence du cercle et la ligne donnée dans le cercle, et la partie de la tangente placée entre la droite menée du centre et le point de contact, aient entre elles une raison proposée ; pourvu que cette raison soit moindre que celle de la demi-ligne donnée dans le cercle à la perpendiculaire même du centre sur cette ligne.

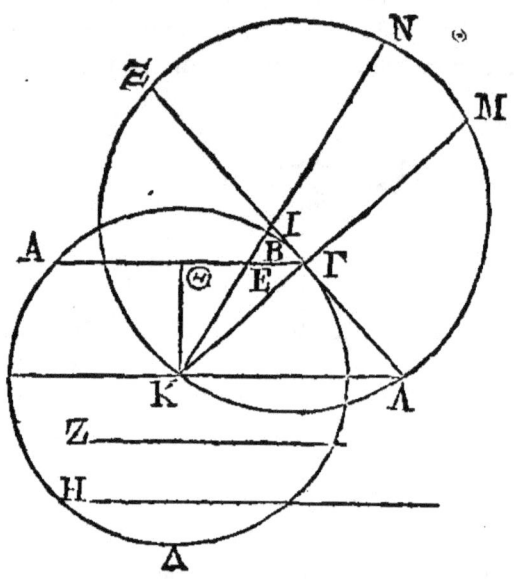

Que ΑΒΓΔ soit le cercle donné ; que ΓΑ soit la ligne qui est donnée dans le cercle, et qui est plus petite que le diamètre. Que ΞΛ touche le cercle au point Γ, et que la raison de Z à H soit moindre que celle de ΓΘ à ΘΚ. Si l'on mène ΚΛ parallèle à ΘΓ, la raison de Z à H sera encore moindre que celle de ΓΚ à ΓΛ. Que ΚΓ soit à ΓΞ comme Z est à H. La droite ΞΓ sera plus grande que ΓΛ. Faisons passer une circonférence par les points K, Λ, Ξ. Puisque la droite ΞΓ est plus grande que la droite ΓΛ, et que les droites ΚΓ, ΞΛ se coupent à angles droits, on peut prendre une droite ΙΝ qui se dirigeant vers le point K soit égale à ΜΓ. Donc, la surface comprise sous ΞΙ, ΙΛ est à la surface comprise sous ΚΕ, ΙΛ comme ΞΙ est à ΚΕ; et la surface comprise sous ΚΙ, ΙΝ est à la surface comprise sous ΚΙ, ΓΛ comme ΙΝ est à ΓΛ. Donc ΙΝ est à ΓΛ comme ΞΙ est à ΚΕ (α). Donc ΓΜ est à ΓΛ, et ΓΞ à ΚΓ, et ΓΞ à ΚΒ comme ΞΙ est à ΚΕ. Donc la droite restante IΓ est à la droite restante BE comme ΞΓ est à ΓK, et comme H est à Z (β). Donc KN tombe sur la tangente, et sa partie BE placée entre la circonférence et la ligne donnée dans le cercle est à la partie de la tangente placée entre KN et le point de contact comme Z est à H.

PROPOSITION IX.

Les mêmes choses étant données, et la ligne qui est donnée dans le cercle étant prolongée, on peut mener du centre du cercle une droite à la ligne prolongée, de manière que la partie de cette droite placée entre la circonférence et la ligne prolongée, et la partie de la tangente placée entre la droite menée du centre et le point de contact aient entre elles une raison proposée ; pourvu que cette raison soit plus grande que celle de la moitié de la ligne donnée dans le cercle à la perpendiculaire menée du centre du cercle sur cette même ligne.

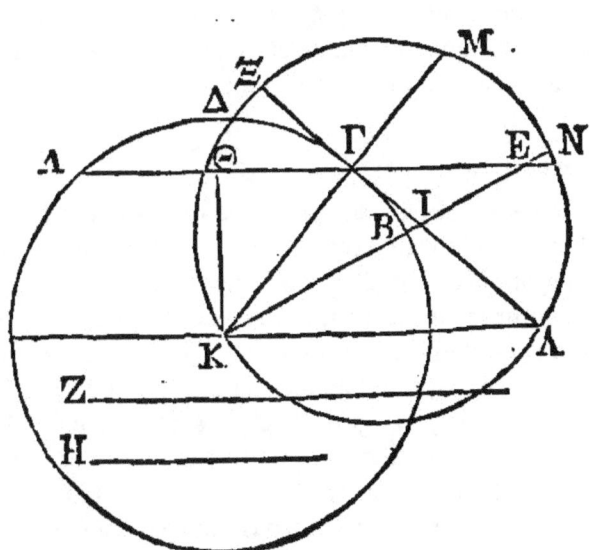

Que ABΓΔ soit le cercle donné ; et que ΓA soit la ligne qui est donnée dans le cercle, et qui est plus petite que le diamètre. Prolongeons cette ligne ; que la droite ΞΓ touche le cercle au point

Γ, et que la raison de Z à H soit plus grande que celle de ΓΘ à ΘΚ. La raison de Z à H sera encore plus grande que la raison de ΚΓ à ΓΛ. Que ΚΓ soit à ΓΞ comme Z est à H. La droite ΞΓ sera plus petite que ΓΛ. Faisons passer de nouveau une circonférence de cercle par les points Ξ, Κ, Λ. Puisque la droite ΞΓ est plus petite que ΓΛ, et que les droites ΚΜ, ΞΓ se coupent à angles droits, on peut prendre une droite ΙΝ qui, étant dirigée vers le point Κ, soit égale à la droite ΓΜ. Puisque la surface comprise sous ΞΙ, ΙΛ est à la surface comprise sous ΛΙ, ΚΕ comme ΞΙ est à ΚΕ ; que la surface comprise sous ΚΙ, ΙΝ est égale à la surface comprise sous ΞΙ, ΙΛ, et que la surface comprise sous ΚΙ, ΓΛ est égale à la surface comprise sous ΛΙ, ΚΕ; parce que ΚΕ est à ΙΚ comme ΛΓ est à ΛΙ ; la droite ΞΙ sera à ΚΕ comme la surface comprise sous ΚΙ, ΙΝ est à la surface comprise sous ΚΙ, ΓΛ, c'est-à-dire comme ΝΙ est à ΓΛ, c'est-à-dire comme ΓΜ est à ΓΛ. Mais ΓΜ est à ΓΛ comme ΞΓ est à ΚΓ ; donc ΞΙ est à ΚΕ comme ΞΓ est à ΚΒ, et la droite restante ΙΓ est à la droite restante ΒΕ comme ΞΓ est à ΓΚ. Mais ΞΓ est à ΓΚ comme H est à Z ; donc la droite ΚΕ tombe sur la ligne prolongée, et la partie ΒΕ qui est placée entre la ligne prolongée et la circonférence est à la partie ΓΙ de la tangente placée entre la droite menée du centre et le point de contact comme Z est à H.

PROPOSITION X.

Si des lignes en aussi grand nombre que l'on voudra et qui se surpassent également sont placées les unes à la suite des autres, et si l'excès est égal à la plus petite; si l'on prend d'autres lignes qui soient en même nombre que les premières, et dont chacune soit égale à la plus grande de celles-ci, la somme de tous les carrés construits sur les lignes qui sont égales chacune à la plus grande, conjointement avec le carré de la plus grande, et la surface comprise sous la plus petite et sous une ligne composée de toutes les lignes qui se surpassent également, sera triple de la somme de tous les carrés construits sur les lignes qui se surpassent également (α).

Que des lignes A, B, Γ, Δ, E, Z, H, Θ, en aussi grand nombre qu'on voudra, et qui se surpassant également, soient placées les unes à la suite des autres ; et que Θ soit égal à leur excès. A la ligne B ajoutons une ligne I égale à Θ ; à la ligne Φ, une ligne K égale à H ; à la ligne Δ, une ligne Λ égale à Z ; à la ligne E, une ligne M égale à la ligne E ; à la ligne Z, une ligne N égale à Δ ; à la ligne H, une ligne Ξ égale à la ligne Γ; et enfin à la ligne Θ, une ligne O égale à B. Les lignes qui résulteront de cette addition seront égales entre elles, et égales chacune à la plus grande. Il faut démontrer que la somme des carrés de toutes ces droites, c'est-à-dire la somme du carré de A et des carrés des droites qui résultent de cette addition, conjointement avec le carré de A, et la surface comprise sous Θ et sous une ligne composée de toutes les, lignes A, B, Γ, Δ, E, Z, H, Θ est triple de la somme de tous les carrés construits sur A, B, Γ, Δ, E, Z, H, Θ.

Car le carré de BI est égal à la somme des carrés des lignes I, B, conjointement avec le double de la surface comprise sous B, I ; le carré de KΓ est égal à la somme des carrés des lignes K, Γ, conjointement avec le double de la surface comprise sous K, Γ ; semblablement, les sommes des carrés des autres lignes égales chacune à A sont égaux aux sommes des carrés de leurs segments, conjointement avec les doubles des surfaces comprises sous ces mêmes segments. Donc la somme des carrés des lignes A, B, Γ, Δ, E, Z, H, Θ, avec la somme des carrés construits sur I, K, M, M, N, Ξ, O, conjointement avec le carré de A est double de la somme des carrés construits sur A, B, Γ, Δ, E, Z, H, Θ.

Il reste à démontrer que la somme des doubles des surfaces comprises sous les segments de chacune des lignes égales à A, conjointement avec la surface comprise sous la ligne Θ et sous une ligne composée de toutes les lignes A, B, Γ, Δ, E, Z, H, Θ est égale à la somme des carrés des lignes A, B, Γ, Δ, E, Z, H, Θ. En effet, le double de la surface comprise sous B, I est égal au double de la surface comprise sous B, E ; le double de la surface comprise sous K, Γ est égal à la surface comprise sous Θ et sous le quadruple de Γ, parce que K est double de Θ ; la double surface comprise sous Δ, Λ est égale à la surface comprise sous Θ sous le sextuple de Δ ; parce que Λ est triple de Θ, et semblablement les doubles des autres surfaces comprises sous les segments sont égaux à la surface comprise sous la ligne Θ et sous la ligne suivante, multipliée par les nombres pairs qui suivent ceux-ci. Donc la somme de toutes ces surfaces, conjointement avec celle qui est comprise sous la ligne Θ et sous une ligne composée de A, B, Γ, Δ, E, Z, H, Θ sera égale à la surface comprise sous la ligne Θ et sous une ligne composée de A, du triple de B, du quintuple de Γ et des lignes suivantes multipliées par les nombres impairs qui suivent ceux-ci (β). Mais la somme des carrés construits sur A, B, Γ, Δ, E, Z, H, Θ est aussi égale à la surface comprise sous ces mêmes lignes, parce que le carré de A est égal à la surface comprise sous la ligne Θ et sous une ligne composée de toutes ces lignes ; c'est-à-dire sous une ligne composée de A et des lignes restantes dont chacune est égale à A ; car la ligne Θ est contenue autant de fois dans A, que A est contenu dans la somme des lignes égales à A (γ). Donc le carré de A est égal à la surface comprise sous la ligne Θ et sous une ligne composée de A, et du double de la somme des lignes B, Γ, Δ, E, Z, H, Θ; car la somme des lignes égales à A, la ligne A exceptée, est égale au double de la somme des lignes B, Γ, Δ, E, Z, H, Θ (δ). Semblablement, le carré de B est égal à la surface comprise sous la ligne Θ, et sous une ligne composée de la ligne B et du double des lignes Γ, Δ, E, Z, H, Θ ; le carré de Γ est égal à la surface comprise sous la ligne Θ, et sous une ligne composée de la ligne Γ et du double des lignes Δ, E, Z, H, Θ. Par la même raison les carrés des lignes restantes sont égaux aux surfaces comprises sous la ligne Θ et sous une ligne composée de la ligne qui suit et des doubles des lignes restantes. Il est donc évident que la somme des carrés de toutes ces lignes est égale à la surface comprise sous Θ et sous une ligne composée de toutes ces lignes, c'est-à-dire sous une ligne composée de A, du triple, de B, du quintuple de Γ, et des lignes suivantes multipliées par les nombres qui suivent ceux-ci.

COROLLAIRE.

Il suit évidemment de là que la somme des carrés construits sur les lignes qui sont égales chacune à la plus grande est plus petite que le triple de la somme des carrés construits sur les lignes inégales ; car la première somme serait triple de la seconde, si l'on augmentait la première de certaines quantités. Il est encore évident que la première somme est plus grande que le triple de la seconde, si on retranche de celle-ci le triple du carré de la plus grande ligne. Car ce dont la première somme est augmentée est moindre que le triple du carré de la plus grande ligne (ε). Donc si l'on construit des figures semblables sur les lignes qui se surpassent également et sur les lignes qui sont égales chacune à la plus grande, la somme des figures construites sur les lignes qui sont égales chacune à la plus grande sera plus petite que le triple de la somme des figures construites sur les lignes inégales, et la première somme sera plus grande que le triple de la seconde, si l'on retranche de celle-ci le triple de la figure construite sur la plus grande ligne. Car ces figures qui sont semblables ont entre elles la même raison que les carrés dont nous avons parlé.

PROPOSITION XI.

Si des lignes en aussi grand nombre qu'on voudra, et qui se surpassent également sont placées les unes à la suite des autres, et si l'on prend d'autres lignes dont le nombre soit plus petit d'une unité que le nombre de celles qui se surpassent également, et dont chacune soit égale à la plus grande des lignes inégales. La raison de la somme des carrés des lignes qui sont égales chacune à la plus grande à la somme des carrés des lignes qui se surpassent également, le carré de la plus petite étant excepté, est moindre que la raison du carré de la plus grande à la surface comprise sous la plus grande ligne et sous la plus petite, conjointement avec le tiers du carré construit sur l'excès de la plus grande sur la plus petite; et la raison de la somme des carrés des lignes qui sont égales chacune à la plus grande à la somme des carrés des lignes qui se surpassent également, le carré de la plus grande étant excepté, est plus grande que cette même raison (α).

Que des lignes en aussi grand nombre qu'on voudra, et qui se surpassent également soient placées les unes à la suite des autres, la droite AB surpassant ΓΔ ; ΓΔ, EZ ; EZ, HΘ ; HΘ, IK ; IK, ΛM ; et ΛM, NΞ. A la ligne ΓΔ, ajoutons une ligne ΓO égale à un excès; à la ligne EZ, la ligne EΠ égale à deux excès ; à la ligne HΘ, la ligne HP égale à trois excès ; et ainsi de suite. Les lignes ainsi composées seront égales entre elles, et égales chacune à la plus grande. Il faut démontrer que la raison de la somme des carrés des lignes ainsi composées à la somme des carrés des lignes qui se surpassent également, le carré de NΞ étant excepté, est moindre que la raison du carré de AB, à la surface comprise sous AB, NΞ, conjointement avec le tiers du carré de NY ; et que la raison de la somme des carrés des lignes ainsi composées à la somme de tous les carrés des lignes qui se surpassent également, le carré de la plus grande ligne étant excepté, est plus grande que cette même raison (α).

De chacune des lignes qui se surpassent également, retranchons une ligne égale à l'excès (β). Le carré de AB sera à la surface comprise sous AB, FB, conjointement avec le tiers du carré de

AF, comme le carré de OΔ est à la surface comprise sous OΔ, ΔX, conjointement avec le tiers du carré de XO; comme le carré de ΠZ est à la surface comprise sous ΠZ, ΨZ, conjointement avec le tiers du carré de ΨΠ, et comme les carrés des autres lignes sont à des surfaces prises de la même manière. Donc la somme des carrés construits sur les lignes OΔ, ΠZ, PΘ, ΣK, TM, ΨΞ est à la surface comprise sous la ligne NΞ, et sous une ligne composée de celles dont nous venons de parler, conjointement avec le tiers de la somme des carrés construits sur les lignes OX, ΠΨ, PΩ, ΣϚ, TϞ, YN, comme le carré de AB est à la surface comprise sous AB, FB, conjointement avec le tiers du carré de FA.

Donc, si l'on démontre que la surface comprise sous la ligne NΞ et sous une ligne composée de OΔ, ΠZ, PΘ, ΣK, TM, ΨΞ, conjointement avec le tiers de la somme des carrés construits sur OX, ΠΨ, PΩ, ΣϚ, TϞ, YN est plus petite que la somme des carrés construits sur AB, ΓΔ, EZ, HΘ, IK, ΛM, et qu'elle est plus grande que la somme des carrés construits sur les lignes ΓΔ, EZ, HΘ, IK, ΛM, NΞ, il sera évident qu'on aura démontré ce qui est proposé.

En effet, la surface comprise sous la ligne NΞ et sous une ligne composée de OΔ, ΠZ, PΘ, ΣK, TM, ΨΞ, conjointement avec le tiers de la somme des carrés construits sur OX, ΠΨ, PΩ, ΣϚ, TϞ, YN est égale à la somme des carrés construits sur XΔ, ΨZ, ΩΘ, ϚK, ϞM, NΞ, conjointement avec la surface comprise sous la ligne NΞ, et sous une ligne composée de OX, ΠΨ, PΩ, ΣϚ, TϞ, YN, et le tiers de la somme des carrés construits sur les lignes OX, ΠΨ, PΩ, ΣϚ, TϞ, YN; et la somme des carrés construits sur les lignes AB, ΓΔ, EZ, HΘ, IK, ΛM est égale à la somme des carrés construits sur les lignes BF, XΔ, ΨZ, ΩΘ, ϚK, ϞM, conjointement avec la somme des carrés construits sur les lignes AF, ΓX, EΨ, HΩ, IϚ, ΛϞ, et la surface comprise sous la ligne BF et sous le double d'une ligne composée AF, ΓX, EΨ, HΩ, IϚ, ΛϞ.

Mais les carrés construits sur des lignes égales chacune à NΞ, sont communs aux unes et aux autres de ces quantités ; et la surface comprise sous la ligne NΞ et sous une ligne composée de OX, ΠΨ, PΩ, ΣϚ, TϞ, YN est plus petite que la surface comprise sous BF et sous le double d'une ligne composée de AF, ΓX, EΨ, HΩ, IϚ, ΛϞ ; parce que la somme des lignes dont nous venons de parler est égale à la somme des lignes ΓO, EΠ, PH, IΣ, ΛT, YN, et plus grande que la somme des lignes restantes. De plus, la somme des carrés construits sur AF, ΓX, EΨ, HΩ, IϹ, Λϗ est plus grande que le tiers de la somme des carrés construits sur OX, ΠΨ, PΩ, Σ Ϲ, Tϗ, YN; ce qui a été démontré plus haut (10. Cor). Donc la somme des surfaces dont nous venons de parler est plus petite que la somme des carrés construits sur AB, ΓΔ, EZ, HΘ, IK, ΛM. Il reste à démontrer que la somme de ces mêmes surfaces est plus grande que la somme des carrés construits sur ΓΔ, EZ, HΘ, IK, ΛM, NΞ. En effet, la somme des carrés construits sur les lignes ΓΔ, EZ, HΘ, IK, ΛM, NΞ, est égale à la somme des carrés construits sur ΓX, EΨ, HΩ, IϹ, Λϗ, conjointement avec la somme des carrés construits sur XΔ, ΨZ, ΩΘ, ϹK, ϗM, EΞ, et la surface comprise sous la ligne NΞ et sous le double d'une ligne composée de ΓX, EΨ, HΩ, IϹ, Λϗ. Mais les carrés construits sur XΔ, ΨZ, ΩΘ, ϹK, ϗM, NΞ sont communs ; et la surface comprise sous la ligne NΞ et sous une ligne composée de OX, ΠΨ, PΩ, Σ Ϲ, Tϗ, YN est plus grande que la surface comprise sous NΞ et sous le double d'une ligne composée de ΓX, EΨ, HΩ, IϹ, Λϗ ; de plus, la somme des carrés construits sur ΞO, ΨΠ, ΩP, ϹΣ, ϗT, NY est plus grande que le triple de la somme des carrés construits sur les lignes ΓX, EΨ, HΩ, IϹ, Λϗ ; ce qui est aussi démontré (10. Cor.). Donc la somme des surfaces dont nous venons de parler est plus grande que la somme des carrés construits sur les lignes ΓΔ, EZ, HΘ, IK, ΛM, NΞ.

COROLLAIRE.

Donc, si sur ces lignes on construit des figures semblables, tant sur celles qui se surpassent également, que sur celles qui sont égales chacune à la plus grande, la raison de la somme des figures construites sur les lignes égales chacune à la plus grande à la somme des figures construites sur les lignes qui se surpassent également, la figure construite sur la plus petite étant exceptée, sera moindre que la raison du carré de la plus grande ligne à la surface comprise sous la plus grande ligne et sous la plus petite, conjointement avec le tiers du carré de l'excès de la plus grande ligne sur la plus petite ; et la raison de la somme des figures construites sur les lignes égales chacune à la plus grande à la somme des figures construites sur les lignes qui se surpassent également, la figure construite sur la plus grande étant exceptée, sera plus grande que cette même raison. Car ces figures qui sont semblables sont entre elles comme les carrés dont nous avons parlé.

DÉFINITIONS.

1. Si une droite menée dans un plan, une de ses extrémités restant immobile, tourne avec une vitesse uniforme jusqu'à ce qu'elle soit revenue au même endroit d'où elle avait commencé à se mouvoir, et si dans la ligne qui a tourné, un point se meut avec une vitesse uniforme en partant du point immobile de cette ligne, ce point décrira une hélice.

2. Le point de la ligne droite qui reste immobile s'appellera le commencement de l'hélice.

3. La position de la ligne droite d'où cette ligne a commencé à se mouvoir, s'appellera le commencement de la révolution.

4. La droite que le point a parcourue dans celle où il se meut pendant la première révolution, s'appellera la première droite; celle que le point a parcourue pendant la seconde révolution s'appellera la seconde, et ainsi de suite ; c'est-à-dire que les noms des autres droites seront les mêmes que le nom des révolutions.

5. La surface comprise par l'hélice décrite dans la première révolution et par la première droite s'appellera la première surface; la surface comprise par l'hélice décrite dans la seconde révolution et par la seconde droite s'appellera la seconde sur face, et ainsi de suite.

6. Si du point qui est le commencement de l'hélice, on mène une ligne droite quelconque, ce qui est du côté de cette ligne vers lequel la révolution se fait, s'appellera les antécédents, et ce qui est de l'autre côté s'appellera les conséquents.

7. Le cercle décrit du point qui est le commencement de l'hélice comme centre, et d'un rayon égal à la première droite, s'appellera le premier cercle ; le cercle décrit du même point et avec un rayon double de la première droite s'appellera le second, et ainsi des autres.

PROPOSITION XII.

Si tant de droites que l'on voudra sont menées du commencement d'une hélice décrite dans la première révolution à cette même hélice en formant des angles égaux entre eux, ces droites se surpasseront également.

Soit une hélice dans laquelle les droites AB, AΓ, AΔ, AE, AZ fassent des angles égaux entre eux. Il faut démontrer que l'excès de AΓ sur AB est égal à l'excès de AΔ sur AΓ, et ainsi de suite.

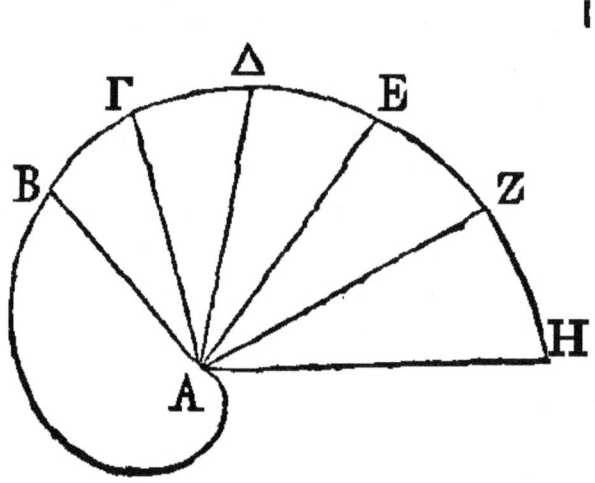

Car dans le temps que la ligne droite qui tourne arrive de AB en AΓ, le point qui se meut dans cette ligne parcourt l'excès de ΓA sur AB ; et dans le temps que la ligne droite arrive de AΓ en AΔ, le point parcourt l'excès de AΔ sur AΓ. Mais la ligne droite va dans un temps égal de AB en AΓ et de AΓ en AΔ, parce que les angles sont égaux ; donc le point qui se meut dans la ligne droite parcourt dans un temps égal l'excès de AΓ sur AB, et l'excès de AΔ sur AΓ (1), donc, l'excès de AΓ sur AB est égal à l'excès de AΔ sur AΓ, et ainsi de suite.

PROPOSITION XIII.

Si une ligne droite touche une hélice, elle ne la touchera qu'en un seul point.

Soit l'hélice ABΓΔ. Que le commencement de l'hélice soit le point A ; que le commencement de la révolution soit la droite AΔ, et que la droite ZE touche cette hélice. Je dis que cette droite ne la touchera qu'en un seul point.

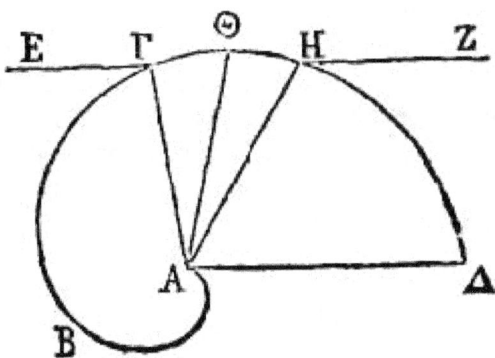

Car que la droite ZE touche l'hélice aux deux points Γ, H, si cela est possible. Menons les droites AΓ, AH. Partageons en deux parties égales l'angle compris entre AH, AΓ, et que le point où la droite qui partage cet angle en deux parties égales rencontre l'hélice soit le point Θ. L'excès de AH sur AΘ sera égal à l'excès de AΘ sur AΓ, parce que ces droites comprennent des angles égaux entre eux. Donc la somme des droites AH, AΓ est double de AΘ. Mais la somme des droites AH, AΓ est plus grande que le double de la droite AΘ qui est dans le triangle et qui partage l'angle en deux parties égales (α). Il est donc évident que le point où la droite AΘ rencontre la droite ΓH tombe entre les points Θ, A. Donc la droite EZ coupe l'hélice, puisque parmi les points qui sont dans ΓH, il en est quelqu'un qui tombe en dedans de l'hélice,

Mais on avait supposé que la droite EZ était tangente. Donc la droite EZ ne touche l'hélice qu'en un seul point.

PROPOSITION XIV.

Si deux droites sont menées à une hélice décrite dans la première révolution du point qui est le commencement de l'hélice, et si ces droites sont prolongées jusqu'à la circonférence du premier cercle, les droites menées à l'hélice seront entre elles comme les arcs de ce cercle compris entre l'extrémité de l'hélice, et les extrémités des droites prolongées qui sont dans la circonférence : les arcs de cercle étant pris à partir de l'extrémité de l'hélice, en suivant le sens du mouvement.

Soit l'hélice ABΓΔEΘ décrite dans la première révolution ; que le commencement de l'hélice soit le point A ; que le commencement de la révolution soit ΘA, et que le premier cercle soit ΘKH. Que les droites AE, AΔ soient menées du point A à l'hélice, et que ces droites soient prolongées jusqu'à la circonférence du cercle, c'est-à-dire jusqu'aux points Z, H. Il faut démontrer que AE est à AΔ comme l'arc ΘKZ est à l'arc ΘKH.

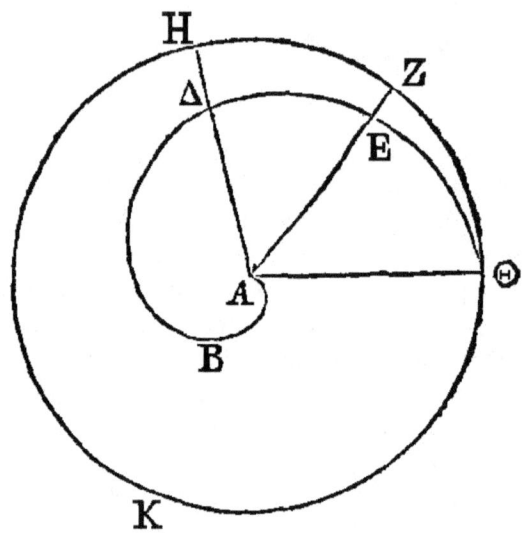

Car la ligne droite AΘ ayant fait une révolution, il est évident que le point Θ se sera mu avec une vitesse uniforme dans la circonférence ΘKH, et le point A, dans la ligne droite AΘ; que le point Θ aura parcouru l'arc ΘKZ, et le point A la droite AE; que le point A aura parcouru, la droite AΔ et le point Θ l'arc ΘKH, et que chacun de ces deux points se sera mu avec une vitesse uniforme. Il est donc évident que AE est à AΔ comme l'arc ΘKZ est à l'arc ΘKH. Ce qui a été démontré plus haut (2). On démontrerait semblablement que cela arriverait encore, quand même l'une des deux droites menée du centre à la circonférence tomberait à l'extrémité de l'hélice.

PROPOSITION XV.

Si deux droites sont menées à une hélice décrite dans la seconde révolution du commencement de cette hélice, ces droites seront entre elles comme les arcs dont nous avons parlé, conjointement avec une entière circonférence du cercle.

Soit l'hélice ABΓΔΘEΛM, dont la partie ABΓΔΘ soit décrite dans la première révolution, et dont l'autre partie ΘEΛM soit décrite dans la seconde. Menons à l'hélice les droites AE, AΛ. Il faut démontrer que AΔ est à AE comme l'arc ΘKZ, conjointement avec une entière circonférence du cercle est à l'arc ΘKH, conjointement avec une entière circonférence du cercle.

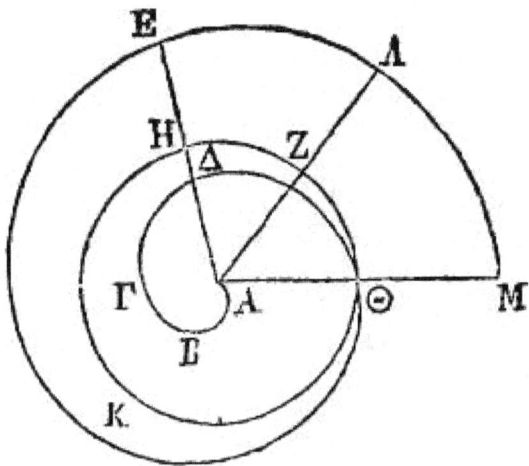

Car le point A qui se meut dans la ligne droite parcourt la ligne AΛ dans le même temps que Θ parcourt une entière circonférence du cercle et l'arc ΘKZ ; et le point A parcourt la droite AE dans le même temps que le point Θ parcourt une entière circonférence du cercle et l'arc ΘKH. Or ces deux points se meuvent chacun avec une vitesse uniforme. Il est donc évident que AΛ est à AE comme l'arc ΘKZ, conjointement avec une entière circonférence du cercle est à l'arc ΘKH, conjointement avec une entière circonférence du cercle (2).

Si des droites étaient menées à une hélice décrite dans la troisième révolution, on démontrerait de la même manière que ces droites seraient entre elles comme les arcs dont nous avons parlé, conjointement avec deux fois la circonférence entière du cercle. Semblablement, si des droites étaient menées à d'autres hélices, on démontrerait semblablement que ces droites seraient entre elles comme les arcs dont nous avons parlé, conjointement avec la circonférence entière du cercle, prise autant de fois qu'il y aurait eu de révolutions moins une, quand même une des droites tomberait à l'extrémité de l'hélice.

PROPOSITION XVI.

Si une droite touche une hélice décrite dans la première révolution, et si l'on mène une droite du point, de contact au point qui est le commencement de l'hélice, les angles que la tangente fait avec la droite qui a été menée, seront inégaux; et celui qui est du côté des antécédents est obtus, et celui qui est du côté des conséquents est aigu.

Que ABΓΔΘ soit une hélice décrite dans la première révolution; que le point A soit le commencement de l'hélice ; la droite AΘ le commencement de la révolution et ΘKH le premier cercle. Qu'une droite ΔEZ touche l'hélice au point Δ, et joignons le point Δ et le point A par la droite ΔA. Il faut démontrer que ΔZ fait avec ΔA un angle obtus.

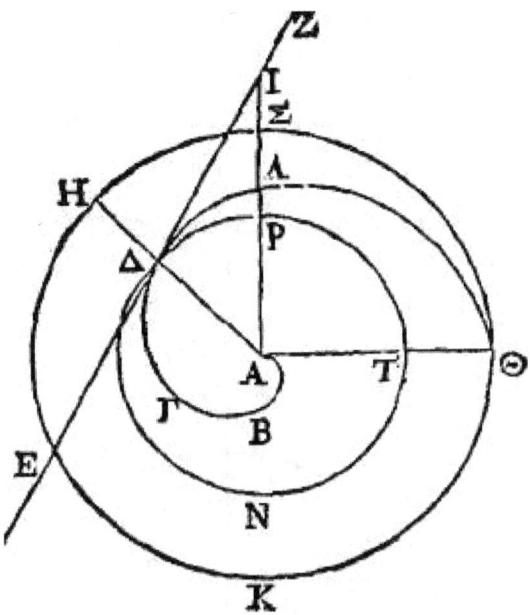

Avec l'intervalle AΔ et du point A comme centre, décrivons le cercle ATN. Il faut nécessairement que la partie de la circonférence de ce cercle qui est du côté des antécédents tombe en dedans de l'hélice, et que la partie qui est du côté des conséquents tombe en dehors ; parce que parmi les droites menées du point A à l'hélice, celles qui sont du côté des antécédents sont plus grandes que AΔ, et que celles qui sont du côté des conséquents sont plus petites. Il est donc évident que l'angle formé par les deux droites AΔ, ΔZ n'est pas aigu, parce que cet angle est plus grand que l'angle du demi-cercle (α).

Il faut démontrer à présent qu'il n'est pas droit. Qu'il soit droit, si cela est possible. Alors la droite EΔZ sera tangente au cercle ΔTN. Mais il est possible de mener du point a à la tangente une droite, de manière que la raison de la droite comprise entre le cercle et la tangente au rayon soit moindre que la raison de l'arc compris entre le point de contact et la droite menée du centre à un arc donné (5). C'est pourquoi menons la droite AI qui coupe l'hélice au point

Λ, et la circonférence au point P ; et que la raison de PI à AP soit moindre que la raison de l'arc ΔP à l'arc ΔNT. Donc, la raison de la droite entière IA à AP est moindre que la raison de l'arc PΔNT à l'arc ANT, c'est-à-dire que la raison de l'arc ΣHKΘ à l'arc HKΘ. Mais la raison de l'arc ΣHKΘ à l'arc HKΘ est la même que la raison de la droite AΛ à la droite AΔ; ce qui est démontré (14); donc la raison de AI à AP est moindre que la raison de ΛA à AΔ. Ce qui est impossible; car PA est égal à AΔ et IA est plus grand que AΛ. Donc l'angle compris par les droites AΔ, ΔZ n'est pas droit. Mais nous avons démontré qu'il n'est pas aigu ; il est donc obtus.

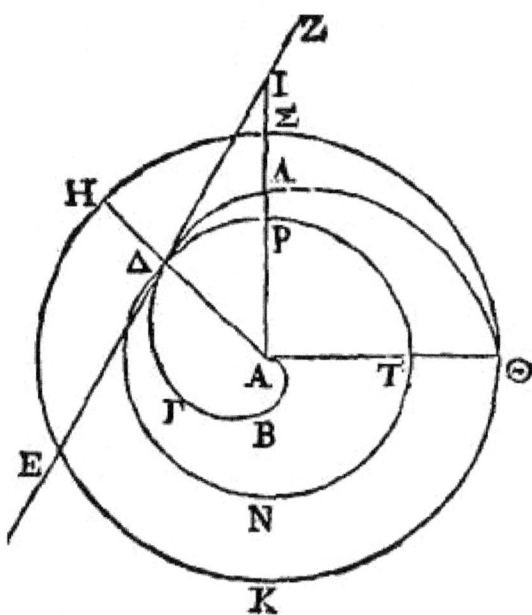

On démontrerait semblablement que la même chose arriverait encore si la droite qui touche l'hélice la touchait à son extrémité.

PROPOSITION XVII.

Il en sera de même si une droite touche une hélice décrite dans la seconde révolution.

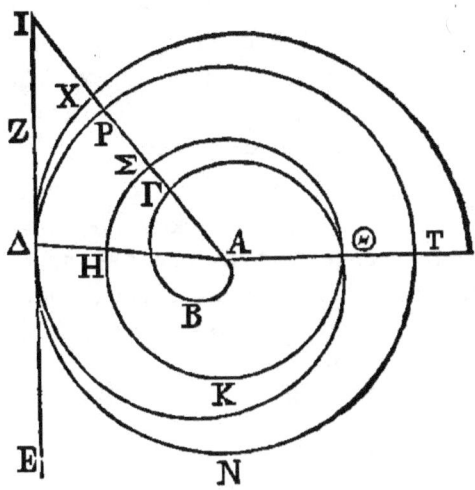

Que la droite EZ touche une hélice décrite dans la seconde révolution. Faisons les mêmes choses qu'auparavant. Par la même raison, les parties de la circonférence qui sont du côté des antécédents tomberont dans l'hélice, et celles qui sont du côté des conséquents tomberont en dehors. Donc l'angle formé par les droites AΔ, ΔZ n'est point droit, mais bien obtus. Qu'il soit droit, si cela est possible. Alors la droite EZ touchera le cercle PND au point Δ. Conduisons de nouveau à la tangente une droite AI que coupe l'hélice au point X, et la circonférence du cercle ΔNP au point P. Que la raison de PI à PA soit moindre que la raison de l'arc AP à une circonférence entière du cercle ΔPN, conjointement avec l'arc ΔNT ; car on démontre que cela peut se faire (5). Donc la raison de la droite entière IA à la droite AP, est moindre que la raison de l'arc PΔNT, conjointement avec une circonférence du cercle à l'arc ΔNT, conjointement avec une circonférence entière du cercle. Mais la raison de l'arc PΔNT, conjointement avec une circonférence entière du cercle ΔNTP à l'arc ΔNT, conjointement avec une circonférence entière du cercle ΛNTΠ est la même que la raison de l'arc ΣHKΘ, conjointement avec une circonférence entière du cercle ΘΣHK à l'arc HKΘ, conjointement avec une circonférence entière du cercle ΘΣHK; et la raison des arcs dont nous venons de parler est la même que la raison de la droite ΞA

Des Hélices

à la droite ΑΔ; ce qui est démontré. (14) Donc la raison de ΙΑ à ΑΡ est moindre que la raison de ΑΧ à ΑΔ. Ce qui est impossible, parce que ΡΑ est égal à ΑΔ, et que ΙΑ est plus grand que ΑΧ. Il est donc évident que l'angle formé par les droites ΑΔ, ΔΖ est obtus. Donc l'angle restant est aigu. Les mêmes choses arriveraient, si la tangente tombait à l'extrémité de l'hélice.

Si une droite touchait une hélice formée d'une révolution quelconque et même à son extrémité, on démontrerait semblablement que cette droite formerait des angles inégaux avec la droite menée du point de contact; et que celui de ces angles qui est du côté des antécédents serait obtus, et que celui qui est du côté des conséquents serait aigu.

PROPOSITION XVIII.

Si une hélice décrite dans la première révolution est touchée à son extrémité par une droite; si du point qui est le commencement de l'hélice, on élève une perpendiculaire sur la droite qui est le commencement de la révolution, cette perpendiculaire, rencontrera la tangente, et la partie de cette perpendiculaire comprise entre la tangente et le commencement de l'hélice sera égale à la circonférence du premier cercle.

Soit l'hélice ΑΒΓΔΘ. Que le point Α soit le commencement de l'hélice; la droite ΘΚ le commencement de la révolution, et ΘΗΚ le premier cercle. Que la droite ΘΖ touche l'hélice au point Θ ; et du point Α menons la droite ΑΖ perpendiculaire sur ΘΑ. Cette perpendiculaire rencontrera nécessairement la tangente ΘΖ, parce que les droites ΖΘ, ΘΑ comprennent un angle aigu (16). Que cette perpendiculaire rencontre la tangente au point Ζ. Il faut démontrer que la perpendiculaire ΖΑ est égale à la circonférence du cercle ΘΚΗ.

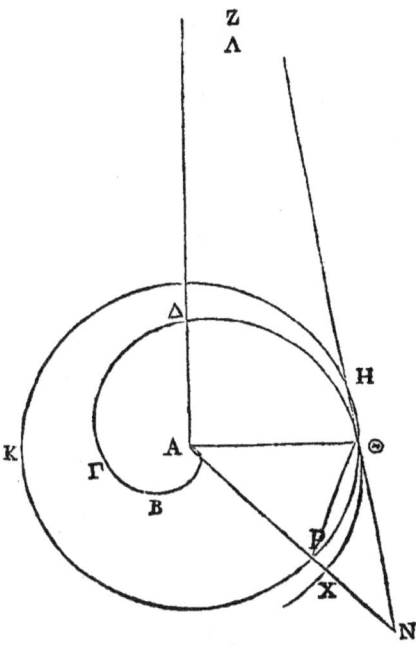

Car si elle ne lui est pas égale, elle est ou plus grande ou plus petite. Qu'elle soit d'abord plus grande, si cela est possible. Je prends une droite ΛΑ plus petite que ΖΑ, mais plus grande que la circonférence du cercle ΘΗΚ. On a donc un cercle ΘΗΚ, et dans ce cercle une droite ΘΗ plus petite que le diamètre; et de plus, la raison de ΘΑ à ΑΛ est plus grande que la raison de la moitié de la droite ΗΘ à la perpendiculaire menée du point A sur la droite ΗΘ ; parce que la première raison est encore plus grande que la raison de ΘΑ à ΑΖ (α). On peut donc mener du point A à la ligne prolongée une droite ΑΝ, de manière que la raison de la droite ΝΡ placée entre la circonférence et la ligne prolongée à la droite ΘΡ soit la même que la raison de ΘΑ à ΑΛ (7). Donc la raison de ΝΡ à ΡΑ sera la même que la raison de ΘΠ à ΑΛ (β). Mais la raison ΘΠ à ΑΛ est moindre que la raison de l'arc ΘΡ à la circonférence du cercle ΘΗΚ ; car la droite ΘΡ est plus petite que l'arc ΘΡ, et la droite ΑΛ est au contraire plus grande que la circonférence du cercle ΘΗΚ. Donc la raison de ΝΡ à ΡΑ est moindre que la raison de l'arc ΘΠ à la circonférence du cercle ΘΗΚ. Donc la raison de la droite entière NA à AP est moindre que la raison de l'arc ΘP, conjointement avec la circonférence du cercle ΘHK à cette circonférence (γ). Mais la raison de l'arc ΘP, conjointement avec la circonférence du cercle ΘHK à la circonférence du cercle ΘKH, est la même que la raison de XA à AΘ; ce qui est démontré (15). Donc la raison de NA à AP est moindre que la raison de XA à AΘ. Ce qui ne peut être; car NA est plus grand que AX, tandis que AP est égal à AΘ. Donc la droite ZA n'est pas plus grande que la circonférence du cercle ΘHK.

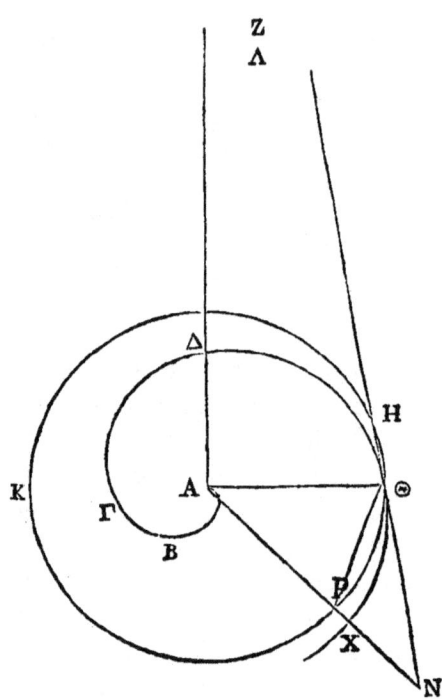

Que la droite ZA soit à présent plus petite que la circonférence du cercle ΘHK, si cela est possible. Je prends une droite AΛ plus grande que AZ, mais plus petite que la circonférence du cercle ΘHK. Du point Θ, je mène la droite ΘM parallèle à AZ. On a un cercle ΘKH, et une droite ΘH dans ce cercle qui est plus petite que le diamètre; on a de plus une droite qui touche le cercle au point Θ; et la raison de AΘ à AΛ est moindre que la raison de la moitié de la droite HΘ à la perpendiculaire menée du point A sur la droite HΘ ; parce que la première raison est moindre que celle de ΘA à AZ. On peut donc mener du point A à la tangente une droite AΠ, de manière que la raison de la droite ΠN placée entre la ligne donnée dans le cercle, et entre la circonférence à la droite ΘΠ placée entre la droite AN et le point de contact soit la même que la raison de ΘA à AΛ (8). Que la droite AN coupe le cercle au point P et l'hélice au point X. Par permutation, la raison de la droite NP à PA sera la même que celle de ΘΠ à AΛ. Mais la raison de ΘΠ à AΛ est plus grande que la raison de l'arc ΘΠ à la circonférence du cercle ΘHK, car la droite ΘΠ est plus grande que l'arc ΘP, tandis que la droite AΛ est plus petite que la circonférence du cercle ΘHK. Donc la raison de NΠ à AΠ est plus grande que la raison de l'arc ΘΠ à la circonférence du cercle ΘHK. Donc la raison de PA à AN est aussi plus grande que la raison de la circonférence du cercle ΘHK à l'arc ΘKP (d). Mais la raison de la circonférence du cercle ΘHK à l'arc ΘKP est la même que la raison de ΘA à AX; ce qui est démontré (14). Donc la raison de PA à AN est plus grande que la raison de AΘ à AX. Ce qui ne peut être. Donc la droite ZA n'est ni plus grande ni plus petite que la circonférence du cercle ΘHK. Donc elle lui est égale.

PROPOSITION XIX.

Si une hélice décrite dans la seconde révolution est touchée à son extrémité par une droite, et si du commencement de l'hélice, on mène une perpendiculaire sur la ligne qui est le commencement de la révolution, cette perpendiculaire rencontrera la tangente, et la partie de cette perpendiculaire placée entre la tangente et l'origine de l'hélice sera double de la circonférence du second cercle.

Que l'hélice ABΓΘ soit décrite dans la première révolution, et l'hélice ΘEΓ dans la seconde. Que ΘKH soit le premier cercle et TMN le second. Qu'une droite TZ touche l'hélice au point T, et menons la droite ZA perpendiculaire sur TA ; cette perpendiculaire rencontrera la droite TZ, parce qu'on a démontré que l'angle compris par les droites AT, TZ est aigu (17). Il faut démontrer que la droite ZA est double de la circonférence du cercle TMN.

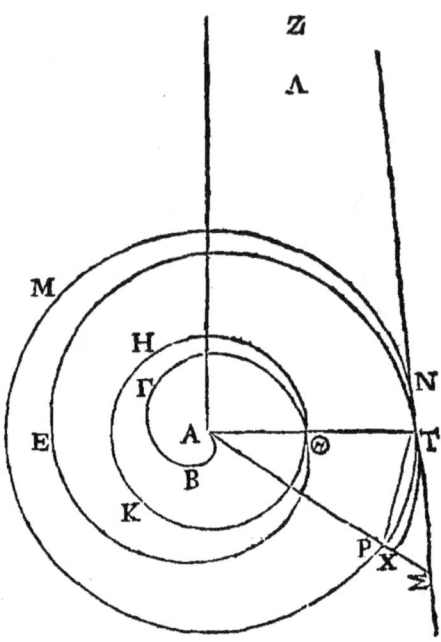

Car si cette droite n'est pas double de cette circonférence, elle est ou plus grande ou plus petite que son double. Qu'elle soit d'abord plus grande que son double. Prenons une droite AΛ plus petite que ZA, mais plus grande que le double de la circonférence du cercle TMN. On a dans un cercle et une droite inscrite dans ce cercle, qui est plus petite que le diamètre ; et la raison de TA à AΛ est plus grande que la raison de la moitié de la droite TN à la perpendiculaire menée du point A sur la droite TN (α). On peut donc mener du point A à la ligne prolongée une droite AΣ, de manière que la droite PΣ placée entre la circonférence et la droite prolongée à la droite TP soit la même que la raison de TA à AΛ (7). Que la droite AΣ coupe le cercle au point P et l'hélice au point X. Par permutation, la raison de la droite PΣ à la droite TA sera la même que la raison de la droite TP à la droite AΛ. Mais la raison de TP à AΛ est moindre que la raison de l'arc TP au double de la circonférence TMN; car la droite TP est plus petite que l'arc TP ; tandis que la droite AΛ est plus grande que le double de la circonférence du cercle TMN. Donc la raison de PΣ à AP est moindre que la raison de l'arc TP au double de la circonférence du cercle TMN. Donc la raison de la droite entière ΣA à AP est moindre que la raison de l'arc TP, conjointement avec le double de la circonférence du cercle TMN au double de la circonférence TMN. Mais la dernière raison est la même que celle de XA à AT ; ce qui a été démontré (15). Donc la raison de AΣ à AP est moindre que la raison de XA à TA. Ce qui ne peut être. Donc la droite ZA n'est pas plus grande que le double de la circonférence, du cercle TMN. On démontrera semblablement que cette droite n'est pas plus petite que le double de la circonférence du cercle TMN. Donc elle est double de cette circonférence.

On démontrera de la même manière que si une hélice décrite dans une révolution quelconque est touchée à son extrémité par une droite, la perpendiculaire menée du commencement de l'hélice sur la ligne qui est le commencement de la révolution, rencontrera la tangente, et cette perpendiculaire sera égale au produit de la circonférence du cercle dénommé d'après le nombre des révolutions par ce même nombre.

PROPOSITION XX.

Si une hélice décrite dans la première révolution est touchée non à son extrémité par une droite, si l'on mène une droite du point de contact au commencement de l'Hélice, et si du point qui est le commencement de l'hélice et avec un intervalle égal à la droite qui a été menée, on décrit un cercle ; et de plus, si du commencement de l'hélice on mène une droite perpendiculaire sur celle qui a été menée du point de contact au commencement de l'hélice, cette droite rencontrera la tangente (16), et la partie de cette droite qui est placée entre la tangente et le commencement de l'hélice sera égale à l'arc de cercle qui est placé entre le point de contact et le point de section dans lequel le cercle décrit coupe la ligne qui est le commencement de la révolution : cet arc étant pris à partir du point placé dans la ligne qui est le commencement de la révolution en suivant le sens du mouvement.

Que ABΓΔ soit une hélice décrite dans la première révolution. Qu'une droite ΔEZ la touche au point Δ, et du point A menons au commencement de l'hélice la droite AΔ. Du point A comme centre, et avec l'intervalle AΔ, décrivons le cercle ΔMN qui coupe au point K la ligne qui est le commencement de la révolution; et menons la droite ZA perpendiculaire sur AΔ. La droite ZA rencontrera la tangente (16). Il faut démontrer que cette droite est égale à l'arc KMNΔ.

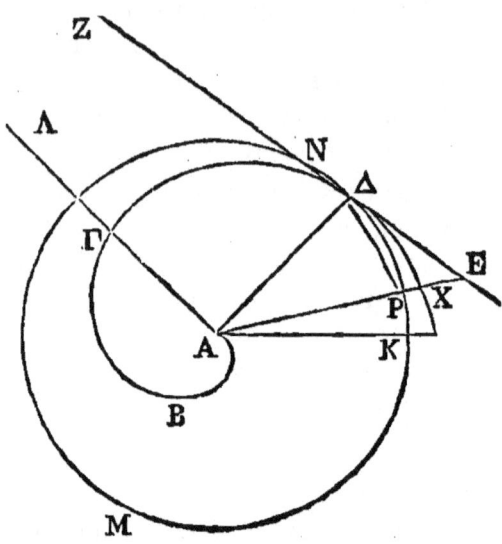

Car si elle ne lui est pas égale, elle est plus grande ou plus petite. Qu'elle soit d'abord plus grande, si cela est possible. Prenons une droite ΛA plus petite que ZA, mais plus grande que l'arc KMNΔ. On a un cercle KMN, et dans ce cercle une droite ΔN, qui est plus petite que le diamètre ; et de plus, la raison de ΔA à AΛ est plus grande.que la raison de la droite ΔN à la perpendiculaire menée du point A sur la droite ΔN. On peut donc mener du point A sur la droite NΔ prolongée une droite AE, de manière que la raison de EP à ΔP soit la même que la raison de ΔA à AΛ ; car on a démontré que cela se peut (7). Donc la raison de EP à ΔP sera la même que la raison de ΔP à AΛ. Mais la raison de ΔP à AΛ est moindre, que la raison de l'arc ΔP à l'arc KMΔ ; parce que la droite ΔP est plus petite que l'arc ΔP, tandis que la droite AΛ est plus grande que l'arc KMΔ. Donc la raison de EP à PA est moindre que la raison de l'arc ΔΠ à l'arc KMΔ. Donc la raison de AE à AP est encore moindre que la raison de l'arc KMP à l'arc KMΔ. Mais la raison de l'arc KMP à l'arc KMΔ est le même, que la raison de XA à AΔ (14); donc la raison de EA à AP est moindre que la raison de XA à ΔA. Ce qui ne peut être. Donc la droite ZA n'est pas plus grande que l'arc KMΔ. On démontrera semblablement comme on l'a fait plus haut, qu'elle n'est pas plus petite. Elle lui est donc égale.

Si une hélice décrite dans la seconde révolution est touchée non à son extrémité par une droite, et si l'on fait le reste comme auparavant, on démontrera de la même manière que la droite comprise entre la tangente et le commencement de l'hélice est égale à la circonférence du cercle qui a été décrit, conjointement avec l'arc qui est placé entre les points dont nous avons parlé, cet arc étant pris de la même manière; et si une hélice décrite dans une révolution quelconque est touchée non à son extrémité, et si l'on fait le reste comme auparavant, la droite placée entre les points dont nous avons parlé sera égale à la circonférence du cercle qui aura été décrit, multipliée par le nombre des révolutions moins une, conjointement avec l'arc placé entre les points dont nous avons parlé, cet arc étant pris de la même manière.

PROPOSITION XXI.

Ayant pris la surface qui est contenue par une hélice décrite dans la première révolution, et par la première des droites parmi celles qui sont dans le commencement de la révolution, on peut circonscrire à cette surface une figure plane, et lui en inscrire une autre, de manière que l'excès de la figure circonscrite sur la figure inscrite soit plus petit que toute surface proposée.

Que ABΓΔ soit une hélice décrite dans la première révolution; que le point Θ soit le commencement de l'hélice; que la droite ΘA soit le commencement de la révolution; et que ZHIA soit le premier cercle, ayant ses diamètres AH, ZI perpendiculaires l'un sur l'autre. Si l'on partage continuellement en deux parties égales un angle droit, et le secteur qui contient cet angle droit, ce qui restera du secteur sera enfin plus petit que la surface proposée. Que le secteur restant AΘK soit celui qui est plus petit que la surface proposée. Partageons les quatre angles droits en angles égaux à celui qui est compris par les droites AΘ, ΘK, et prolongeons jusqu'à l'hélice les droites qui comprennent ces angles. Que Λ soit le point où la droite ΘK coupe l'hélice, et du point Θ comme centre et avec l'intervalle ΘΛ décrivons un cercle. La partie de la circonférence de ce cercle qui est dans les antécédents tombera dans l'hélice, et la partie qui est dans les conséquents tombera en dehors. C'est pourquoi décrivons l'arc OM, de manière que cet arc rencontre à un point O la droite ΘA, et au point M celle qui est menée à l'hélice après la droite ΘK. Que N soit le point où la droite ΘM coupe l'hélice ; et du point Θ comme centre et avec l'intervalle ΘN décrivons un arc de cercle, de manière que cet arc rencontre la droite ΘK, et celle qui est menée à l'hélice après la droite ΘM. Semblablement du centre Θ décrivons des arcs de cercle qui passent par les autres points où les droites qui forment des angles égaux coupent l'hélice ; de manière que chacun de ces arcs rencontre la droite qui précède et celle qui suit. On aura alors une figure composée de secteurs semblables qui sera inscrite dans la surface qui aura été prise, et une autre figure qui sera, circonscrite. On démontrera de la manière suivante que l'excès de la figure circonscrite sur la figure inscrite est plus petit que toute surface proposée.

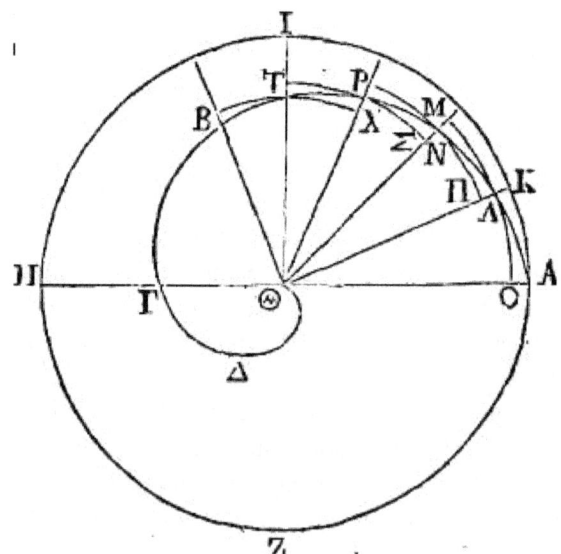

Archimède

Le secteur ΘΛΟ est égal au secteur ΘΜΛ ; le secteur ΘΝΠ, au secteur ΘΝΡ ; le secteur ΘΝΣ, au secteur ΘΧΤ ; et chacun des autres secteurs de la figure inscrite est égal à chacun des secteurs de la figure .circonscrite qui a un côté commun. D'où il suit que la somme de tous premiers secteurs est égale à la somme de tous les seconds. Donc la figure inscrite dans la surface qu'on a prise est égale à la figure circonscrite à la même surface, le secteur ΘΑΚ étant excepté ; car le secteur ΘΑΚ est le seul de tous ceux de la figure circonscrite qui n'ait pas été pris. Il est donc évident que l'excès de la figure circonscrite sur la figure inscrite est égal au secteur ΑΚΘ qui est plus petit que la surface proposée.

Il suit évidemment de là qu'on peut circonscrire à la surface dont nous avons parlé, une figure telle que celle dont nous avons parlé, de manière que l'excès de la figure circonscrite sur cette surface soit moindre que toute surface proposée, et qu'on peut lui en inscrire un autre, de manière que l'excès de la surface dont nous avons parlé sur la figure inscrite soit .encore moindre que toute surface proposée.

PROPOSITION XXII.

Ayant pris la surface qui est contenue dans l'hélice décrite dans la seconde révolution, et la seconde droite parmi celles qui sont dans le commencement de l'hélice, on peut circonscrire à cette surface une figure composée de secteurs semblables, et lui en inscrire un autre, de manière que l'excès de la figure circonscrite sur la figure inscrite soit plus petite que toute surface proposée.

Soit ΑΒΓΔΕ une hélice décrite dans la seconde révolution. Que le point Θ soit le commencement de l'hélice ; la droite ΑΘ, le commencement de la révolution ; et la droite ΕΑ, la seconde droite parmi celles qui sont dans le commencement de la révolution. Que ΑΖΗ soit le second cercle, ayant ses diamètres ΑΗ, ΖΙ perpendiculaires l'un sur l'autre. Si l'on partage continuellement en deux parties égales un angle droit et le secteur qui comprend cet angle droit, ce qui restera sera enfin plus petit que la surface proposée. Que le secteur restant ΘΚΑ soit celui qui est plus petit que la surface proposée. Si l'on partage les autres angles droits en angles égaux à celui qui est compris par les droites ΚΘ, ΘΑ, et si l'on fait le reste comme auparavant, l'excès de la figure circonscrite sur la figure inscrite sera une surface plus petite que le secteur ΘKA. Car cet excès sera plus grand que l'excès du secteur ΘKA sur le secteur ΘEP.

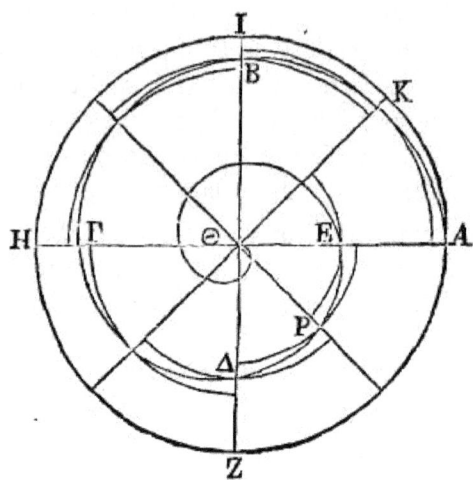

Il est donc évident qu'il peut se faire que l'excès de la figure circonscrite sur la surface qui a été prise soit plus petit que toute surface proposée; et que l'excès de la surface qu'on a prise sur la figure inscrite soit plus petit que toute surface proposée.

Il est semblablement évident qu'ayant pris une surface contenue par une hélice décrite dans une révolution quelconque et par une droite dénommée d'après le nombre des révolutions, on peut circonscrire une surface plane telle que celle dont nous avons parlé, de manière que l'excès de la figure circonscrite sur la surface qui a été prise soit plus petit que toute surface proposée, et lui en inscrire une autre, de manière que l'excès de cette surface sur la figure inscrite soit plus petite que toute surface proposée.

PROPOSITION XXIII.

Ayant pris une surface contenue par une hélice plus petite que celle qui est décrite dans la première révolution et qui ne soit point terminée au commencement de la révolution, si l'on prend la surface contenue par cette hélice et par les droites menées de l'extrémité de cette même hélice, on pourra circonscrire à cette surface une figure plane et lui en inscrire une autre, de manière que l'excès de la figure circonscrite sur la figure inscrite soit moindre que toute surface proposée.

Soit ΑΒΓΔΕ une hélice dont les extrémités soient les points A, E, et dont le commencement soit le point Θ. Menons les droites ΑΘ, ΘE. Du point Θ comme centre et avec l'intervalle ΘΛ, décrivons un cercle qui rencontre la droite ΘE au point Z. Si l'on partage continuellement en deux parties égales l'angle qui est placé au point Θ et le secteur ΘΑΖ, on aura enfin un reste qui sera plus petit que la surface proposée. Que le secteur ΘΑΚ soit plus petit que la surface proposée. Décrivons, comme auparavant, des arcs de cercle qui passent par les points où les droites qui font des angles égaux au point Θ, rencontrent l'hélice, de manière que chaque arc tombe sur la ligne qui précède et sur celle qui suit. On aura circonscrit à la surface contenue par l'hélice ΑΒΓΔΕ et par les droites ΑΘ, ΘE une surface plane composée de secteurs semblables, et on lui en aura aussi inscrit une autre. Or, l'excès de la figure circonscrite sur la figure inscrite sera moindre que la surface proposée ; car le secteur ΘΑΚ est plus petit que la surface proposée.

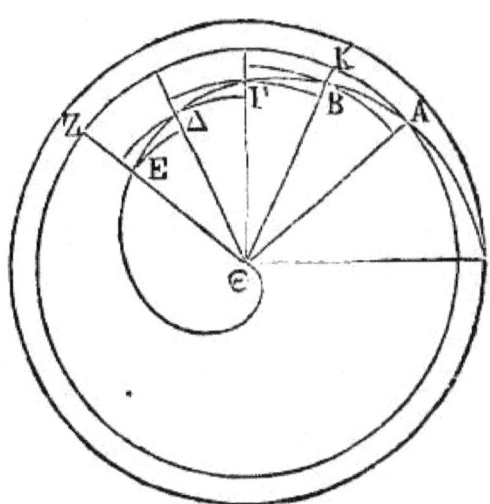

Des Hélices

Il suit manifestement de là qu'on peut circonscrire à la surface dont nous avons parlé, une surface plane telle que celle dont nous avons parlé, de manière que l'excès de la figure circonscrite sur cette surface soit plus petite que toute surface proposée; et que l'on peut encore lui en inscrire une autre, de manière que l'excès de la surface dont nous avons parlé sur la figure inscrite soit moindre que toute quantité proposée.

PROPOSITION XXIV.

La surface qui est comprise par une hélice décrite dans la première révolution, et par la première des droites qui sont dans le commencement de la révolution, est la troisième partie du, premier cercle.

Que ΑΒΓΔΕΘ soit une hélice décrite dans la première révolution; que le point Θ soit l'origine de l'hélice ; la droite EA, la première de celles qui sont dans le commencement de la révolution, et AKZHI, le premier cercle. Que la troisième partie de ce cercle soit celui où se trouve la lettre Ҷ. Il faut démontrer que la sur face dont nous venons de parler est égale au cercle Ҷ.

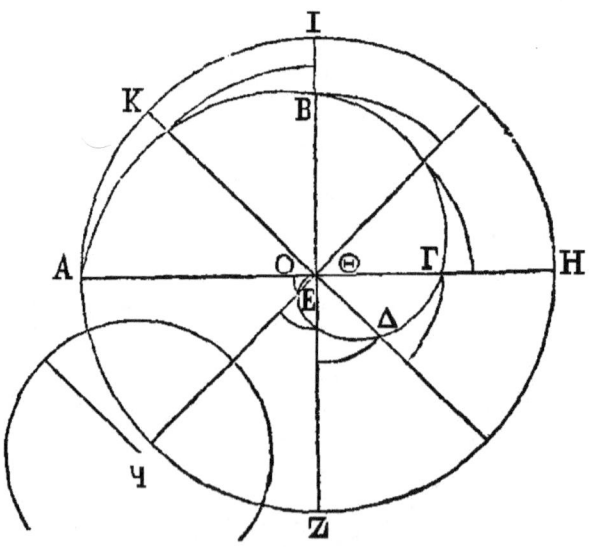

Car si elle ne lui est pas égale, elle est plus grande ou plus petite. Qu'elle soit d'abord plus petite, si cela est possible. On peut circonscrire à la surface comprise par l'hélice ΑΒΓΔΕΘ, et par la droite ΑΘ, une figure plane composée de secteurs semblables, de manière que l'excès de la figure circonscrite sur la surface dont nous venons de parler soit moindre que l'excès du cercle Η sur cette même surface (21). Circonscrivons cette figure. Que parmi les secteurs dont la figure dont nous venons de parler est composée, le plus grand soit le secteur ΘΑΚ, et le plus petit le secteur ΘΕΟ. Il est évident que la figure circonscrite sera plus petite que le cercle Η.

Prolongeons jusqu'à la circonférence du cercle les droites qui font des angles égaux au point Θ. On a certaines lignes menées du point Θ à l'hélice, qui se surpassent également (12) ; la plus grande de ces lignes est la ligne ΘΑ ; la plus petite, qui est la ligne ΘΕ, est égale à l'excès. On a de plus certaines lignes menées du point Θ à la circonférence du cercle, qui sont en même nombre que les premières et dont chacune est égale à la plus grande de celles-ci ; et l'on a construit des secteurs semblables sur toutes ces lignes, c'est-à-dire sur celles qui se surpassent également et sur celles gui sont égales entre elles et égales chacune à la plus grande. Donc la somme des secteurs construits sur les lignes qui sont égales chacune à la plus grande est plus petite que le triple des secteurs construits sur les lignes qui se surpassent également. Ce qui est démontré (10, Cor.). Mais la somme des secteurs construits sur les lignes qui sont égales chacune à la plus grande est égale au cercle ΑΖΗΙ ; et la somme des secteurs construits sur les lignes qui se surpassent également est égale à la figure circonscrite. Donc le cercle ΖΗΙΚ est plus petit que le triple de la figure circonscrite. Mais ce cercle est le triple du cercle Η; donc le cercle Η est plus petit que la figure circonscrite. Mais il n'est pas plus petit, puisqu'au contraire il est plus grand; donc la surface comprise par l'hélice ΑΒΓΔΕΘ et par la droite ΑΘ n'est pas plus petite que le cercle Η.

Elle n'est pas plus grande. Qu'elle soit plus grande, si cela est possible. On peut inscrire une figure dans la surface comprise par l'hélice ΑΒΓΔΕΘ et par la droite ΑΘ, de manière que l'excès de la surface dont nous venons de parler sur la figure inscrite soit plus petit que l'excès de cette surface sur le cercle Η (21). Inscrivons cette figure; et que parmi les secteurs dont la figure inscrite est composée, le secteur ΘPΞ soit le plus grand, et le secteur ΘEO, le plus petit. Il est évident que la figure inscrite sera plus grande que le cercle 𝓴.

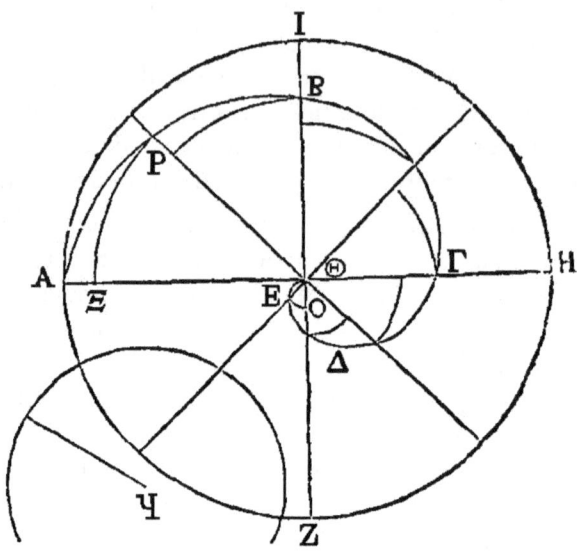

Prolongeons jusqu'à la circonférence du cercle les droites qui font des angles égaux au point Θ. On a certaines lignes menées du point Θ à l'hélice, qui se surpassent également (12). La plus grande de ces lignes est la droite ΘA, et la plus petite, qui est la ligne ΘE, est égale à l'excès. On a de plus certaines lignes menées du point Θ à la circonférence du cercle, qui sont en même nombre que les premières, et dont chacune est égale à la plus grande de celles-ci, et l'on a des secteurs semblables construits sur toutes ces lignes, c'est-à-dire sur celles qui sont égales entre elles et égales chacune à la plus grande, et sur celles qui se surpassent également. Donc la somme des secteurs construits sur les lignes égales est plus grande que le triple de la somme des secteurs construits sur les lignes qui se surpassent également, celui qui est construit sur la plus grande étant excepté. Ce qui est démontré (10, Cor.). Mais la somme des secteurs construits sur les lignes égales est égale au cercle AZHI; et la somme des secteurs construits sur les lignes qui se surpassent également, celui qui est décrit sur la plus grande étant excepté, est égale à la figure inscrite. Donc le cercle est plus grand que le triple de la figure inscrite. Mais ce cercle est le triple du cercle Ϫ. Donc le cercle Ϫ est plus grand que la figure inscrite. Mais il n'est pas plus grand, puisqu'au contraire il est plus petit. Donc la surface comprise par l'hélice ABΓΔEΘ et par la droite AΘ n'est pas plus grande que le cercle Ϫ. Donc le cercle Ϫ est égal à la surface comprise par l'hélice et la droite AΘ.

PROPOSITION XXV.

La surface comprise par une hélice décrite dans la seconde révolution et par la seconde des droites qui sont dans le commencement de la révolution est au second cercle comme sept est à douze, c'est-à-dire comme la surface comprise sous le rayon du second cercle et sous le rayon du premier, conjointement avec le tiers du carré de l'excès du rayon du second cercle sur le rayon du premier est au carré du rayon du second cercle.

Que ABΓΔE soit une hélice décrite, dans la seconde révolution. Que le point Θ soit l'origine de l'hélice ; la droite ΘE, la première des droites qui sont dans le commencement de la révolution, et la droite AE, la seconde des droites qui sont dans le commencement de la révolution. Que AZHI soit le second cercle, et que ses diamètres AH, IZ soient perpendiculaires l'un sur l'autre. Il faut démontrer que la surface comprise par l'hélice ABΓΔE et par la droite AE est au cercle AZHI comme sept est à douze.

Soit Ϛ un certain cercle dont le carré du rayon soit égal à la surface comprise sous AΘ, ΘE, conjointement avec le tiers du carré de AE. Le cercle Ϛ sera au cercle AZHI comme sept est à douze, parce que la dernière raison est la même que celle du carré du rayon du cercle Ϛ est au carré du rayon du cercle AZHI (α). Nous allons démontrer à présent que le cercle Ϛ est égal à la surface comprise par l'hélice ABΓΔE et par la droite AE.

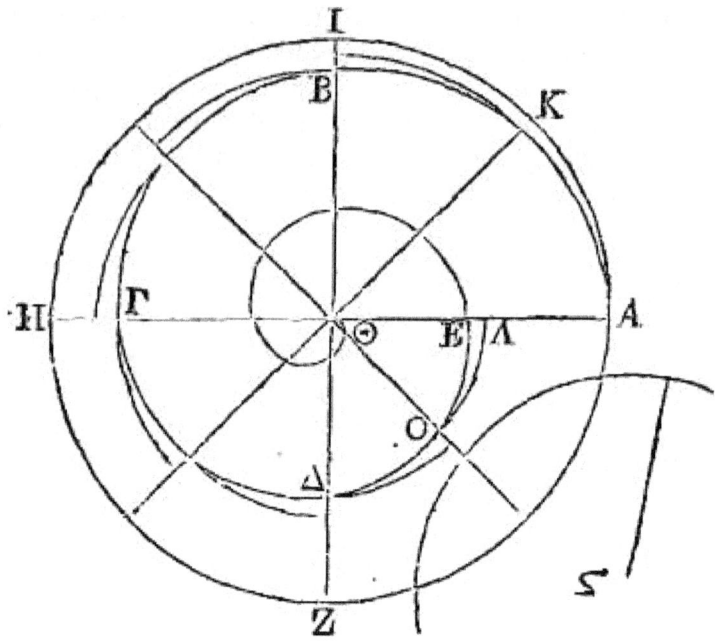

Car si le cercle ⊂ n'est pas égal à cette surface, il est plus grand ou plus petit. Qu'il soit d'abord plus grand, si cela est possible. On peut circonscrire à cette surface une figure plane composée de secteurs semblables, de manière que l'excès de la figure circonscrite sur cette surface soit plus petit que l'excès du cercle ⊂ sur cette même surface (22). Circonscrivons-lui cette figure. Que parmi les secteurs dont la figure circonscrire est composée, le plus grand soit le secteur ΘΑΚ, et le plus petit, le secteur ΘΟΛ. Il est évident que la figure circonscrite sera plus petite que le cercle ⊂.

Prolongeons jusqu'à la circonférence les droites qui font des angles égaux au point Θ. On a certaines lignes menées du point Θ à l'hélice, qui se surpassent également (12), dont la plus grande est la ligne ΘΑ et la plus petite la ligne ΘΕ. On a de plus d'autres lignes menées du centre Θ à la circonférence du cercle ΑΖΗΙ, qui sont en même nombre que les premières et qui sont égales entre elles et égales chacune à la plus grande de celles-ci ; et l'on a construit des secteurs semblables non seulement sur les lignes qui sont égales chacune à la plus grande, mais encore sur celles qui se surpassent également, excepté sur la plus petite. Donc la raison, de la somme des secteurs qui sont construits sur les lignes égales à, la plus grande à la somme des secteurs construits sur les lignes qui se surpassent également, le secteur construit sur la plus petite étant excepté, est moindre que la raison du carré de la plus grande à la surface comprise sous AΘ, ΘE, conjointement avec le tiers du carré de AE. Ce qui est démontré (11, Cor). Mais le cercle AZHI est égal à la somme des secteurs construits sur les lignes qui sont égales entre elles et égales chacune à la plus grande; et la figure circonscrite est égale à la somme des secteurs construits sur les lignes qui se surpassent également, celui qui est construit sur la plus petite étant excepté. Donc la raison du cercle AZHI à la figure circonscrite est moindre que la raison du carré de AE à la surface comprise sous AΘ, ΘE, conjointement avec le tiers du carré de AE. Mais la raison du carré de ΘA à la surface comprise sous ΘA, AE, conjointement avec le tiers du carré de AE est égale à la raison du cercle AZHI au cercle Ϛ ; donc la raison du cercle AZHI à la figure circonscrite est moindre que la raison du cercle AZHI au cercle Ϛ. Donc le cercle Ϛ est plus petit que la figure circonscrite. Mais il n'est pas plus petit, puisqu'au contraire il est plus grand; donc le cercle Ϛ n'est pas plus grand que la surface comprise par l'hélice ABΓΔE et par la droite AE.

Le cercle Ϛ n'est pas plus petit que cette surface. Qu'il soit plus petit, si cela est possible. On peut inscrire dans la surface comprise par l'hélice et par la droite AE une figure plane composée de secteurs semblables, de manière que l'excès de la surface comprise par l'hélice ABΓΔE et par la droite AE sur la figure inscrite soit plus petit que l'excès de cette même surface sur le cercle Ϛ. Inscrivons cette figure. Que parmi les secteurs dont la figure inscrite est composée, le plus grand soit le secteur ΘKP, et le plus petit, le secteur ΘEO. Il est évident que la figure inscrite sera plus grande que le cercle Ϛ.

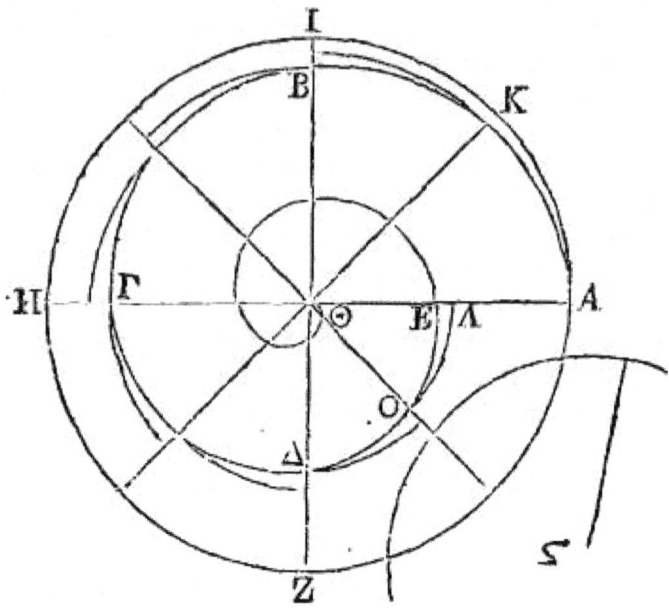

Prolongeons jusqu'à la circonférence du cercle les droites qui forment des angles égaux au point Θ. On a de nouveau certaines lignes menées du point Θ à l'hélice, qui se surpassent également, dont la plus grande est la ligne ΘA, et la plus petite, la ligne ΘE. On a de plus d'autres lignes menées du point Θ à la circonférence du cercle, dont le nombre est plus petit d'une unité que celui des lignes inégales, et qui sont égales entre elles et égales chacune à la plus grande ; et l'on a construit des secteurs semblables non seulement sur les lignes qui se surpassent également, mais encore sur celles qui sont égales chacune à la plus grande. Donc la raison de la somme des secteurs construits sur les lignes qui sont égales chacune à la plus grande à la somme des secteurs construits sur les lignes qui se surpassent également, celui qui est construit sur la plus petite étant excepté, est plus grande que la raison du carré construit sur ΘA à la surface comprise sous ΘA,ΘE, conjointement avec le tiers du carré de EA (11, Cor.). Mais la figure inscrite est composée de secteurs construits sur les lignes qui se surpassent également, celui qui est construit sur la plus grande étant excepté; et le cercle est égal à la somme de tous les autres secteurs ; donc la raison du cercle AZHI à la figure inscrite est plus grande que la raison du carré de ΘA à la surface comprise sous ΘA, ΘE, conjointement avec le tiers du carré de AE, c'est-à-dire plus grande que la raison du cercle AZHI au cercle Ϛ. Donc le cercle Ϛ est plus grand que la figure inscrite. Ce qui ne peut être ; car il est plus petit. Donc le cercle Ϛ n'est pas plus petit que la surface comprise par l'hélice ABΓΔE et par la droite AE. Donc il lui est égal.

On démontrera de la même manière que la surface comprise par une hélice et par une droite dénommées d'après le nombre des révolutions, est au cercle dénommé d'après le nombre des révolutions comme la somme des deux surfaces suivantes, savoir : la surface comprise sous le rayon du cercle dénommé d'après le nombre des révolutions et sous le rayon du cercle dénommé d'après ce même nombre diminué d'une unité, et le tiers du carré construit sur l'excès du rayon du plus grand de ces deux cercles sur le rayon du plus petit est au carré du rayon du plus grand.

PROPOSITION XXVI.

La surface comprise par une hélice plus petite que celle qui est décrite dans la première révolution, et qui n'a pas pour extrémité l'origine de l'hélice, et par les droites menées par ses extrémités à son origine, est au secteur dont le rayon est égal à la plus grande des droites menées des extrémités de l'hélice à son origine, et dont l'arc est celui qui est placé entre les droites dont nous venons de parler, et du même côté de l'hélice comme la surface comprise sous les droites menées des extrémités de l'hélice à son commencement, conjointement avec le tiers du carré de l'excès de la plus grande des lignes dont nous venons de parler sur la plus petite, est au carré de la plus grande des droites qui sont menées des extrémités de l'hélice à son commencement.

Que ABΓΔE soit une hélice plus petite que celle qui est décrite dans la première révolution. Que ses extrémités soient les points A, E, et son commencement le point Θ. Du point Θ comme centre et avec l'intervalle ΘA décrivons un cercle. Que la droite ΘE rencontre sa circonférence au point Z. Il faut démontrer que la surface comprise par l'hélice ABΓΔE, et par les droites AΘ, ΘE est au secteur AΘZ comme la surface comprise sous AΘ, ΘE, conjointement avec le tiers du carré de EZ, est au carré de ΘA.

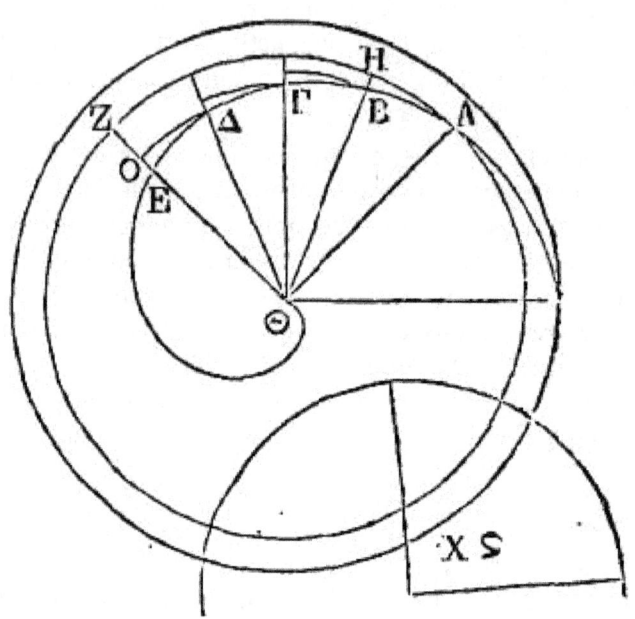

Que le carré du rayon du cercle où se trouvent les lettres XϹ soit égal à la surface comprise sous AΘ, ΘE, conjointement avec le tiers du carré de EZ, et formons à son centre un angle égal à celui qui est formé au point Θ. Le secteur ϹX sera au secteur ΘAZ comme la surface comprise sous AΘ, ΘE, conjointement avec le tiers du carré de EZ, est au carré de ΘA ; car les carrés des rayons de ces secteurs sont entre eux comme ces mêmes secteurs.

Nous allons démontrer à présent que le secteur ZϹ est égal à la surface comprise par l'hélice ABΓΔE et par les droites AΘ, ΘE. Car si ce secteur n'est pas égal à cette surface, il est plus grand ou plus petit. Qu'il soit d'abord plus grand, si cela est possible. On peut circonscrire à la surface dont nous venons de parler, une figure plane composée de secteurs semblables, de manière que l'excès de la figure circonscrite sur la surface dont nous venons de parler soit plus petite que l'excès du secteur sur cette même surface (23). Que cette figure soit circonscrite. Que parmi les secteurs dont la figure circonscrite est composée, le plus grand, soit le secteur ΘAH, et le plus petit le secteur ΘOΔ. Il est évident que la figure circonscrite sera plus petite que le secteur XC

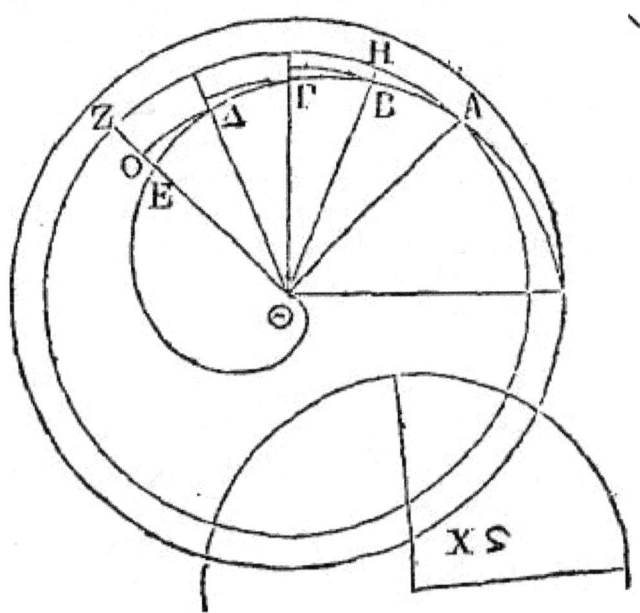

Prolongeons, jusqu'à l'arc du secteur ΘAZ, les droites qui font des angles égaux au point Θ. On a certaines lignes menées du point Θ à l'hélice, qui se surpassent également, dont la plus grande est la ligne ΘA, et la plus petite, la ligne ΘE. On a aussi d'autres lignes dont le nombre est moindre d'une unité que le nombre des lignes menées du point Θ à l'hélice, et ces lignes sont égales entre elles et égales chacune à la plus grande de celles-ci, la droite ΘZ étant exceptée; et de plus on a construit des secteurs semblables sur les lignes qui sont égales chacune à la plus grande et sur les lignes qui se surpassent également ; et l'on n'a pas construit de secteur sur la ligne ΘE. Donc la raison de la somme des secteurs construits sur les lignes qui sont égales entre elles et égales chacune à la plus grande à la somme des secteurs construits sur les lignes qui se surpassent également, celui qui est construit sur la plus petite étant excepté, est moindre que la raison du carré de ΘA à la surface comprise sous AΘ, ΘE, conjointement avec le tiers du quarré de EZ (11, Cor.). Mais le secteur ΘAZ est égal à la somme des secteurs construits sur les lignes qui sont égales entre elles et égales chacune à la plus grande ; et la figure circonscrite est égale à la somme des secteurs construits sur les lignes qui se surpassent également. Donc la raison du secteur ΘAZ à la figure circonscrite est moindre que la raison du carré de ΘA à la surface comprise sous ΘA, ΘE, conjointement avec le tiers du carré de ZE. Mais la raison du carré de ΘA à la somme des surfaces dont nous venons de parler, est la même que la raison du secteur ΘAZ au secteur XC; donc le secteur XC est plus petit que la figure circonscrite. Mais il n'est pas plus petit, puisqu'il est au contraire plus grand ; donc le secteur XC ne sera pas plus grand que la surface comprise par l'hélice ABΓΔE et par les droites AΘ, ΘE.

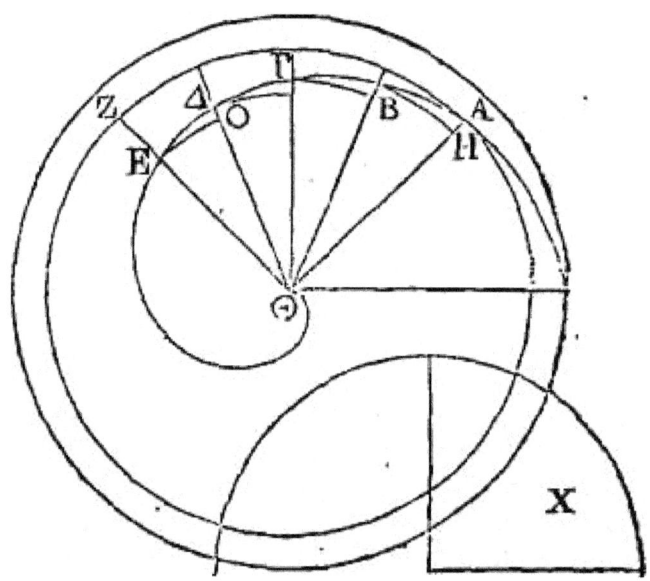

Le secteur XC ne sera pas plus petit que cette même surface. Qu'il soit plus petit, si cela est possible. Faisons les mêmes choses qu›auparavant. On pourra inscrire dans la surface dont nous avons parlé une figure plane composée de secteurs semblables, de manière que l›excès de cette surface sur la figure inscrite soit moindre que l›excès de cette même surface sur le secteur X. Inscrivons cette figure. Que parmi les secteurs dont la figure inscrite est composée, le plus grand soit le secteur ΘBH, et le plus petit, le secteur OΘE. Il est évident que la figure inscrite sera plus grande que le secteur X.

On a de nouveau certaines lignes menées du point Θ à l'hélice qui se surpassent également, dont la plus grande est la ligne ΘA, et la plus petite la ligne ΘE. On a aussi d'autres lignes menées du point Θ à l'arc du secteur ΘAZ, dont le nombre est moindre d'une unité que le nombre des lignes menées du point Θ à l›hélice, et ces lignes sont égales entre elles et égales chacune à la plus grande de celles-ci, la ligne ΘA étant exceptée ; et de plus on a construit des secteurs semblables sur chacune de ces lignes, et l'on n'a pas construit de secteur sur la plus grande de celles qui se surpassent également. Donc la raison de la somme des secteurs construits sous les lignes qui sont égales entre elles et égales chacune à la plus grande à la somme des secteurs construits sur les lignes qui se surpassent également, excepté celui qui est construit sur la plus grande, est plus grande que la raison du carré de ΘA à la surface comprise sous ΘA, ΘE, conjointement avec le tiers du carré de EZ (11, Cor.). Donc la raison du secteur ΘAZ à la figure inscrite est plus grande que la raison du secteur ΘAZ au secteur X. Donc le secteur X est plus grand que la figure inscrite. Mais il n'est pas plus grand, puisqu'il est au contraire plus petit. Donc le secteur X n'est pas plus petit que la surface comprise par l'hélice ABΓΔE et par les droites AΘ, ΘE. Donc il lui est égal.

PROPOSITION XXVII.

Parmi les surfaces comprises par des hélices et par les droites qui sont dans le commencement des révolutions 3 la troisième est double de la seconde; la quatrième, triple; la cinquième, quadruple, et ainsi de suite, c'est-à-dire que toujours la surface qui suit est un multiple qui croît suivant l'ordre des nombres. La première surface est la sixième partie de la seconde.

Soit proposée une hélice décrite dans la première révolution; une hélice décrite dans la seconde, et enfin des hélices décrites dans toutes les révolutions suivantes. Que le commencement de l'hélice soit le point Θ, et le commencement de la révolution, la droite ΘE. Que la première des surfaces soit K ; la seconde, Λ ; la troisième, M ; la quatrième, N ; la cinquième, Ξ. Il faut démontrer que la surface K est la sixième partie de celle qui suit ; que la surface M est double de la surface Λ ; que la surface N est triple de cette même surface ; et que toujours les surfaces qui se suivent par ordre sont des multiples qui se suivent aussi par ordre.

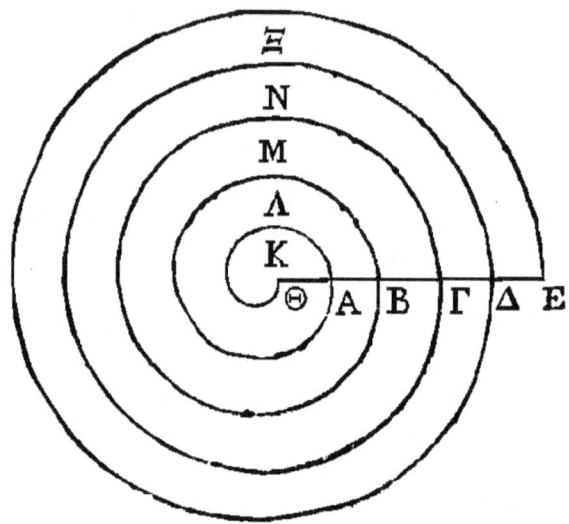

On démontrera de cette manière que la surface K est la sixième partie de la surface Λ. Puisque l'on a démontré que la surface KΛ est au second cercle comme sept est à douze (25) ; puisque le second cercle est évidemment au premier comme douze est à trois (α); et puisque le premier cercle est à la surface K comme trois est à un (24), il s'ensuit que la surface K est la sixième partie de la surface Λ (β).

On a démontré que la surface KΛM est au troisième cercle comme la surface comprise sous TΘ, ΘB, conjointement avec le tiers du carré ΓB est au carré de ΓΘ(25). De plus, le troisième cercle est au second comme le carré de ΓΘ est au carré de ΘB ; et le second cercle est à la surface KΛ comme le carré de BΘ est à la surface comprise sous BΘ, ΘA, conjointement avec le tiers du carré de AB (25). Donc la surface KΛM est à la surface KΛ comme la surface comprise sous ΓΘ, ΘB, conjointement avec le tiers du carré de AB est à la surface comprise sous BΘ, ΘA, conjointement avec le tiers du carré de AB. Mais ces surfaces sont entre elles comme dix-neuf est à sept ; donc la surface KΛM est à AK comme dix-neuf est à sept; donc la surface M est à la surface KΛ comme douze est à sept. Mais la surface KΛ est à la surface Λ comme sept est à six ; donc la surface M est double de la surface Λ (γ).

On démontrera de cette manière que les surfaces suivantes sont égales à la surface Λ, multipliée successivement par les viennent ensuite.

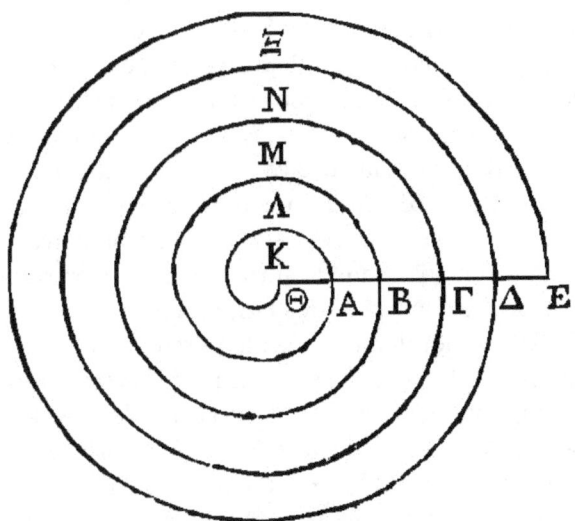

La surface KΛMNΞ est au cercle qui a pour rayon la droite ΘE connue la surface comprise sous ΘE, ΘA, .conjointement avec le tiers du carré de ΔE est au carré de ΘE (25). Mais le cercle qui a pour rayon la droite ΘE est au cercle qui a pour rayon la droite ΘΔ comme le carré de ΘE est au carré de ΘΔ ; et le cercle qui a pour rayon ΘΔ est à la surface KΛMN comme le carré de ΘΔ est à la surface comprise sous ΘΔ, ΘΓ, conjointement avec le tiers du carré de ΔΓ. Donc la surface KΛMNΞ est à la surface KΛMN comme la surface comprise sous ΘE, ΘΔ, conjointement avec le tiers du carré de ΔE, est à la surface comprise sous ΔΘ, ΘΓ, conjointement avec le tiers du carré de ΔΓ. Donc, par soustraction, la surface Ξ est à la surface KΛMN comme l'excès de la surface comprise sous EΘ, ΘΔ, conjointement avec le tiers du carré de EΔ sur la surface comprise sous ΘΔ, ΔΓ, conjointement avec le tiers du carré de ΔΓ, est à la surface comprise sous ΘA, ΘΓ, conjointement avec le tiers du carré de ΔΓ. Mais l'excès de la somme des deux premières surfaces sur la somme des deux secondes est égale à l'excès de la surface comprise sous EΘ, ΘΔ sur la surface comprise sous AΘ, ΘΓ, c'est-à-dire à la surface comprise sous ΔΘ, ΓE. Donc la surface Ξ est à la surface KΛMN comme la surface comprise sous ΘΔ, ΓE est à la surface comprise sous ΔΘ, ΘΓ, conjointement avec le tiers du carré de ΓΔ. On démontrera de la même manière que la surface N est à la surface comprise sous KΛ, ΛM, comme la surface, comprise sous ΘΓ, BΔ est à la surface comprise sous ΓΘ, ΘB, conjointement avec le tiers du carré de ΓB. Donc la surface N est à la surface KΛMN comme la surface comprise sous ΘΓ, BΔ est à la surface comprise sous ΘΓ, ΘB, conjointement avec le tiers du carré de ΓB, et avec la surface comprise sous ΘΓ, BΔ ; et par conversion ………. (d). Mais la somme de ces surfaces est égale à la surface comprise sous ΔΘ, ΘΓ, conjointement avec le tiers du carré de ΓΔ ; donc, puisque la surface Ξ est à la surface, KΛMN comme la surface comprise sous ΘΔ, ΓE est à la surface; comprise sous ΔΘ, ΘΓ, conjointement avec le tiers du carré de ΓΔ, que la surface KΛMN est à la surface N comme la surface comprise sous ΔΘ, ΘΓ, conjointement avec le tiers du carré de ΓΔ est à la surface comprise sous ΘΓ, ΔB, la surface Ξ sera à la surface N comme la surface comprise sous ΘΔ, ΓE est à la surface comprise sous ΘΓ, ΔB. Mais la surface comprise sous ΘΔ, ΓE est à la surface comprise sous ΘΓ, ΔB comme ΘΔ est à ΘΓ ; parce que les droites ΓE, BΔ sont égales entre, elles. Il est donc évident que la surface Ξ est à la surface N comme ΘΔ est à ΘΓ.

On démontrera semblablement que la surface N est à la surface M comme ΘΓ est à ΘB ; et que la surface M est à la surface Λ comme BΘ est à AΘ. Or les droites EΘ, ΔΘ, ΓΘ, BΘ, AΘ sont entre elles comme des nombres pris de suite.

PROPOSITION XXVIII.

Si dans une hélice décrite dans une révolution quelconque, on prend deux points qui ne soient pas ses extrémités, si l'on mène de ces points des droites au commencement de l'hélice, et si du commencement de l'hélice comme centre et avec des intervalles égaux aux droites menées au commencement de l'hélice, on décrit des cercles ; la surface comprise tant par l'arc du plus grand cercle placé entre ces droites, que par la portion de l'hélice placée entre ces mêmes droites, et par le prolongement de la plus petite de ces droites sera à la surface comprise tant par l'arc du plus petit cercle que par la même portion de l'hélice et par la droite qui joint leurs extrémités comme le rayon du plus petit cercle, conjointement avec les deux tiers de l'excès du rayon du plus grand cercle sur le rayon du plus petit cercle est au rayon du plus petit cercle, conjointement avec le tiers de son excès.

Soit l'hélice ΑΒΓΔ décrite dans la première révolution. Prenons dans cette hélice les deux points A, Γ. Que le point Θ soit son commencement ; des points A, Γ menons des droites au point Θ ; et du point Θ comme centre et avec les intervalles ΘA, ΘΓ, décrivons des cercles. Il faut démontrer que la surface Ξ est à la surface Π comme la droite ΘA, conjointement avec les deux tiers de la droite HA est à la droite ΘA, conjointement avec le tiers de HA.

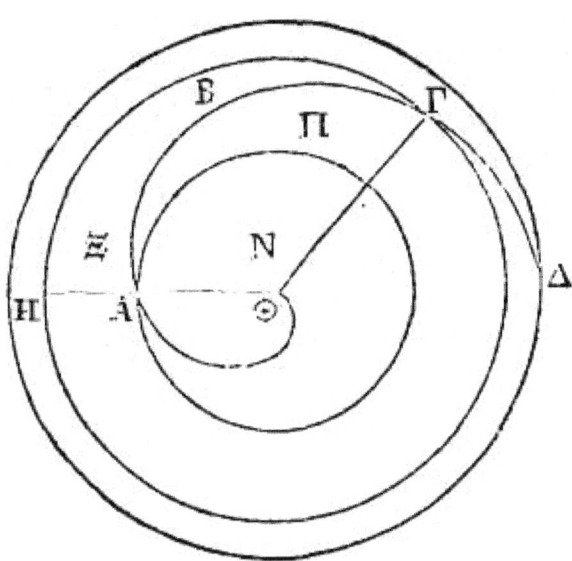

Car on a démontré que la surface NΠ est au secteur HΓΘ comme la surface comprise sous HΘ, AΘ, conjointement avec le tiers du carré de AH est au carré de HΘ (26). Donc la surface Ξ est à la surface NΠ comme la surface comprise sous ΘA, AH, conjointement avec les deux tiers du carré de HA est à la surface comprise sous AΘ, ΘH, conjointement avec le tiers du carré de HA (α). Mais la surface NΠ est au secteur NΠΞ comme la surface comprise sous ΘA, ΘH, conjointement avec le tiers du carré de HA, est au carré de ΘH ; et le secteur NΠΞ est au secteur N comme le carré de ΘH est au carré de ΘA. Donc la surface NΠ sera au secteur N comme la surface comprise sous ΘA, ΘH, conjointement avec le tiers du carré de HA, est au carré ΘA. Donc la surface NΠ est à la surface Π comme la surface comprise sous HΘ, ΘA, conjointement avec le tiers du carré de HA, est à la surface comprise sous HA, ΘA, conjointement avec le tiers du carré de HA. Mais la surface Ξ est à la surface NΠ comme la surface comprise sous ΘA, AH, conjointement avec les deux tiers du carré de HA, est à la surface comprise sous HΘ, ΘA, conjointement avec le tiers du carré de HA ; et la surface NΠ est à la surface Π comme la surface comprise sous HΘ, ΘA, conjointement avec le tiers du carré de HA, est à la surface comprise sous HA, AΘ, conjointement avec le tiers du carré de HA. Donc la surface Ξ sera à la surface Π comme la surface comprise sous ΘA, HA, conjointement avec les deux tiers du carré de HA, est à la surface comprise sous ΘA, HA, conjointement avec le tiers du carré de HA. Mais la surface comprise sous ΘA, HA, conjointement avec les deux tiers du carré de HA est à la surface comprise sous ΘA, HA, conjointement avec le tiers du carré de HA comme la droite ΘA, conjointement avec les deux tiers de la droite HA est à la droite ΘA, conjointement avec le tiers de la droite HA. Il est donc évident que la surface Ξ est à la surface Π comme la droite ΘA, conjointement avec les deux tiers de la droite HA, est à la droite ΘA, conjointement avec le tiers de la droite HA.

Commentaire sur le livre Des Hélices

ARCHIMÈDE A DOSITHÉE.

(α) ARCHIMÈDE ne parle ici que de deux problèmes défectueux, et cependant on verra plus bas qu'il en comptait trois.

(β) C'est la proposition 6 du deuxième livre de la Sphère et du Cylindre, laquelle est énoncée ainsi : Construire un segment sphérique semblable à un segment sphérique donné, et égal à un autre segment sphérique aussi donné.

PROPOSITION I.

(α) Cette démonstration est fondée sur la sixième proposition du cinquième livre des Éléments d'Euclide.

PROPOSITION VI.

(β) Ce passage est un peu obscur. Voici comment on pourrait rendre la pensée d'Archimède : Plaçons la droite BN de manière que cette droite passant par le point Γ une de ses extrémités se termine à la circonférence en dedans du cercle, et que l'autre extrémité se termine à la ligne KN. Cette droite sera coupée par la circonférence, et tombera au-delà de ΓΛ.

PROPOSITION VIII.

(α) Les antécédents ΞI x IΛ et KI x IN sont égaux; car puisque ΞI : KΛ :: IN : IA, on a ΞI x IΛ = KI x IN. Les conséquents KE x IΛ et KI x ΓΔ sont aussi égaux; car les deux triangles IKΛ, IEΛ étant semblables, on a IΛ : KI :: IΛ : IE, et par soustraction IΛ : KI :: ΓΛ : KE; ce qui donne KE x IΛ = KI x ΓΔ. Donc IN : ΓΛ :: ΞI : KE.

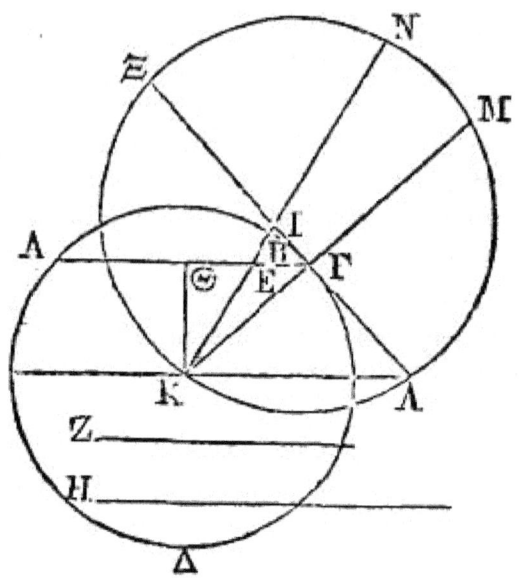

(β) En effet, la proportion ΓΞ : KB :: ΞI : KE donne ΓΞ — ΞI : KB — KE :: ΓΞ : KB ou KΓ ; c'est-à-dire IΓ : BE :: ΓΞ : KB.

PROPOSITION X.

(α) Soit la suite 1, 2, 3, 4, 5 .... n ;

Soit aussi la suite n, n, n, n, n .... n.

Je dis d'abord que la somme des carrés des termes de la seconde suite qui est n^3, plus le carré d'un des termes de cette suite qui est n^2, plus du produit du premier terme de la première suite par la somme des termes de cette suite qui est $(n+1)n/2$ c'est-à-dire $(n^2+n)/2$ est égale à trois fois la somme des carrés des termes de la première suite, qui est égale à n^3. Ce qui est évident, car la somme des trois premières quantités étant $n^3 + n^2 + (n^2+n)/2$, si l'on réduit n^2 en fraction, on aura $n^3 + (3n^2+n)/2$. Je dis ensuite que la somme des carrés des termes de la seconde suite qui est égale à n^3, est plus petite que le triple de la somme des carrés des termes de la première suite qui est égale à $n^3 + (3n^2+n)/2$, cela est évident.

Je dis enfin que la somme des carrés des termes de la seconde suite qui est n^3, est plus grande que le triple de la somme des carrés des termes de la première suite, le dernier étant excepté, c'est-à-dire que $n^3 + (3n^2 + n)/2 - n^2$, c'est-a-dire que $n^3 - 3n^2/2 + n/2$ est encore évident

(β) Ce qui précède paraîtra très clair, si l'on fait usage des signes de l'algèbre. En effet, l'on aura en faisant usage de ces signes :

2 x B x I = 2B x Θ

2 x Γ x K = 4Γ x Θ

2 x Δ x Λ = 6Δ x Θ

2 x E x M = 8E x Θ

2 x Z x N = 10Z x Θ

2 x H x Ξ = 12H x Θ

2 x Θ x O = 14Θ x Θ

Donc la somme des premiers membres de ces équations, conjointement avec Θ (A+ B+ Γ+ Δ + E + Z + H + Θ), sera égale à Θ (A+ 3B+ 5Γ+ 7Δ + 9E + 11Z + 13H + 15Θ)

(γ) C'est-à-dire, Θ : A :: A : 8A.

(δ) En effet, puisque les droites B, Γ, etc. sont en progression arithmétique, on a B + Θ = A ; Γ + H = A; Δ + Z = A ; 2E = A.

(ε) C'est-à-dire, que A^2 + (A + B+ Γ + Δ + E + Z + H + Θ) x Θ < 3 A^2. En effet, on a démontré plus haut que A^2 = (A + 2B + 2Γ +

2Δ+2E + 2Z + 2H + 2Θ) x Θ. Donc A² < (A + B+ Γ + Δ + E + Z + H + Θ) x Θ. Donc A² + (A + B+ Γ + Δ + E + Z + H + Θ) x Θ < 3 A².

PROPOSITION XI.

(α) Que AИ soit égal à 1 ; que le nombre des quantités inégales AB, ΓΔ, etc. soit $n + 1$. *Le* nombre des quantités inégales AΦ, ΓX, etc. sera égal à *n*, et AΦ égal aussi à *n*. Nommons *a* la ligne NΞ. La somme des carrés des lignes OΔ, PZ, etc. égalera, $(n + a)^2$ x *n*, et la somme des carrés des lignes AB, ΓΔ, etc., le carré de la ligne NΞ étant excepté, égalera AΦ² + ΓX² + EΨ² + HΩ² + IΣ² + ΛИ + NΞ X *n* + 2 NΞ (AΦ + ΓX + EΨ + HΩ + IƧ + ΛИ), c'est-à-dire 1/6 x $(2n^2 + n + 1)$ *n* + a^2 *n* + 2*a* $(n + 1)$ x ½ *n*. Il faut démontrer que

n $(n+a)^2$ / (1/6 x $(2n^2 + 3n + 1)$ *n* + a^2 *n* + 2*a* $(n + 1)$ x ½ *n*) < $(n+a)^2$ / (*a* $(n+a)$ +1/3 n^2)

Il faut démontrer ensuite que:

n $(n+a)^2$ / (1/6 x $(2n^2 + 3n + 1)$ *n* + a^2*n* — $(n+a)^2$ + 2*a* $(n + 1)$ x ½ *n*) > $(n+a)^2$ / (*a* $(n+a)$ +1/3 n^2)

Ce qui sera évident, lorsqu'on aura fait les opérations convenables.

(β) C'est-à-dire, égal à NΞ

PROPOSITION XIII.

(β) Si la droite AΔ partage en deux parties égales l'angle BAΓ du triangle BAΓ, la somme des deux côtés AB, AΓ sera plus grande que le double de la droite AΔ. Si les côtés AB, AΓ étaient égaux, il est évident que AB +AΓ serait plus grand que 2 AΔ. Supposons que ces côtés ne soient pas égaux, et que AΓ soit le plus grand, je prolonge AB, et je fais AE égal à AΓ. Je joins les points E, Γ par les points Δ et B je mène les droites HΘ, BZ parallèles à EΓ, et je joins les points E, Z. Il est évident que AH + AΘ > 2 AΔ. Il reste donc à démontrer que AB + AΓ > AH + AΘ. Puisque AΔ partage l'angle BAΓ en deux parties égales, on aura AΓ : BA :: ΔΓ : BΔ. Mais AΓ > AB ; donc ΓΔ > BΔ. Donc ΓΔ > ΔZ. Mais l'angle ΓΔΘ= l'angle BΔH, et l'angle ZΔΘ = l'angle BΔH; donc ΓΔ : ΔZ :: ΓΘ : ΘZ. Mais ΔZ = BΔ, et ΓΔ > ΓΔ ;donc ΓΔ > ΔZ. Donc ΓΘ > ΘZ. Mais AH + AΘ > 2 AΔ; donc à plus forte raison AB + AΓ > 2 AΔ.

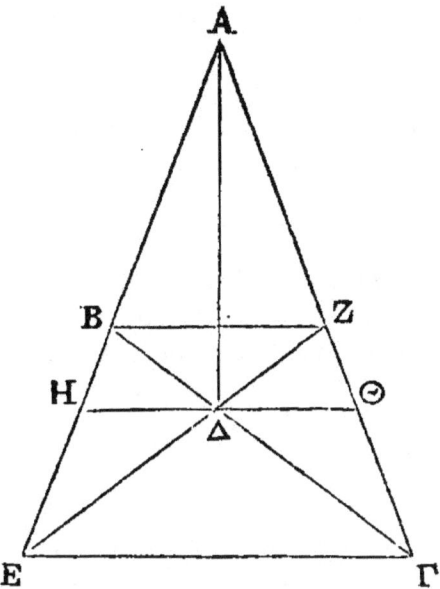

PROPOSITION XVI.

(α) L'angle du demi-cercle est l'angle formé par le diamètre et la circonférence. Euclide démontre (liv. III, prop. 18) que l'angle du demi-cercle est plus grand, que tout angle rectiligne aigu.

PROPOSITION XVIII.

(α) Car si du point A on abaisse une perpendiculaire sur HΘ, le triangle formé par cette perpendiculaire, par AΘ et par la moitié de HΘ, sera semblable au triangle ΘAZ. Donc ΘA sera à AZ comme la moitié de HΘ est à la perpendiculaire dont nous venons de parler. Mais la raison de ΘA à AΛ est plus grande que la raison de ΘA à AZ ; donc la raison de ΘA à AΛ est plus grande que la raison de la moitié de HΘ est à la perpendiculaire dont nous avons parlé.

(β) Par permutation.

(γ Par addition.

(δ) Cette conclusion est fondée sur le principe suivant:

Si la raison d'une partie d'une quantité à cette même quantité est plus grande que la raison d'une partie d'une autre quantité à cette même quantité, la raison de la première quantité à son autre partie sera encore plus grande que la raison de la seconde quantité à son autre partie.

Que la première quantité soit ap, et qu'une de ses parties soit a. Son autre partie sera $ap - a$. Que la seconde quantité soit bq, et qu'une de ses parties soit b. Son autre partie sera $bq - b$. Si $a/ap > b/bq$, je dis que

$ap / (ap - a) > bq /(bq - b)$

Puisque $a/ap > b/bq$, il est évident que $p > q$. A présent pour faire voir que $ap / (ap - a) > bq /(bq - b)$ ou que $p / (p - 1) > q /(q - 1)$, je fais disparaître les dénominateurs, et la première quantité devient $pq - p$, et la seconde devient $pq - q$, mais $p > q$; donc $ap / (ap - a) > bq /(bq - b)$.

PROPOSITION XIX.

(α) Car puisque le triangle TAZ, et celui dont les côtés sont TA, la moitié de TN, et la perpendiculaire menée du point A sur TN sont semblables, on a TΛ est à AZ comme TN/2 est à la perpendiculaire. Mais AΛ est plus petit que AZ ; donc la raison de TA à AΛ est plus grande que la raison de TN/2 à la perpendiculaire.

PROPOSITION XXV.

(α) En effet, le carré du rayon du cercle C étant égal à AΘ x ΘE + (AE x AE)/3, et ΘE étant égal a EA, on aura cercle C : cercle AZHI :: 2 ΘE x ΘE + (ΘE x ΘE)/3 : 2 ΘE :: 6 x ΘE^2 + ΘE^2 : 12 x ΘE^2 :: 7 : 12.

PROPOSITION XXVII.

(α) Parce que ΘB est double de ΘA.

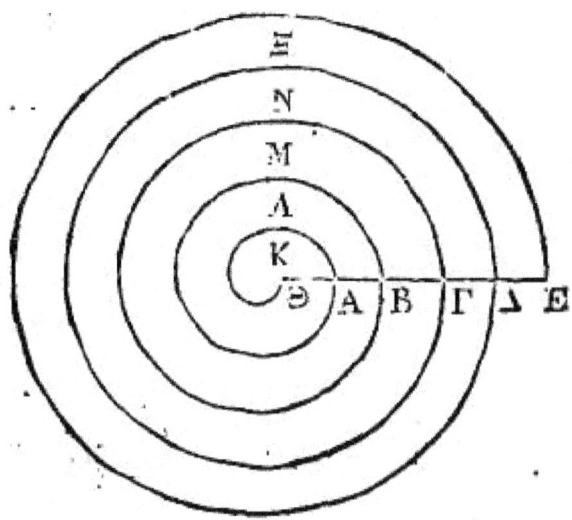

(β) Puisque l'on a,

KΛ : 2me cercle :: 7 : 12 ;

2me cercle : 1er cercle :: 12 : 3 ;

1er cercle : K :: 3 : 1.

Si l'on multiplie ces trois proportions par ordre, on aura, KΛ : K :: 7 : 11. Ce qui donne KΛ — K : K :: 7 : 11 ; c'est-à-dire Λ : K :: 6 : 1, et l'on a par inversion, K : Λ :: 1 : 6* • ■ •

(γ) Puisque l'on a, KΛM : 3me cercle :: ΓΘ x ΘB + ΓB/3 : ΓΘ² ;

3me cercle : 2me cercle :: ΓΘ² : BΘ² ;

2me cercle : KΛ :: BΘ² : BΘ x ΘA + AB²/3.

Si l'on multiplie ces trois proportions par ordre, et si l'on supprime les facteurs communs de deux termes de chaque raison, on aura,

KΛM : KΛ :: ΓΘ x ΘB + ΓB²/3 : BΘ x ΘA + AB²/3 ;

ou bien

KΛM : KΛ :: 3 ΘA x 2 ΘA + ΘA²/3 : 2 ΘA x ΘA + ΘA²/3 :: 19 : 7.

Donc M : KΛ :: 12 : 7. Mais K : Λ :: 1 : 6; et par addition, KΛ : Λ :: 7 : 6; donc si l'on multiplie ces deux dernières proportions par ordre, on aura M : Λ :: 2 : 1.

PROPOSITION XXVIII.

(α) Puisque NΠ : secteur HΓΘ :: HΘ x AΘ + AH²/3 : HΘ, on aura secteur HΓΘ — NΠ : NΠ :: HΘ² — HΘ x AΘ — AH²/3 : AΘ x ΘH + AH²/3 ;

Mais secteur HΓΘ — NΠ = Ξ, et HΘ² — HΘ x AΘ — AH²/3 = (AH + AΘ) (AH + AΘ) — AΘ (AH + AΘ) — AH²/3 =(AH + AΘ) (AH + AΘ — AΘ) — AH²/3 =(AH + AΘ) AH — AH²/3 = (AH + AΘ — AH²/3) AH = (AΘ +2/3 AH) AH = AΘ x AH + 2/3 AH²;

donc Ξ : NΠ :: AΘ x AH + 2/3 AH² : AΘ x ΘH + HA²/3

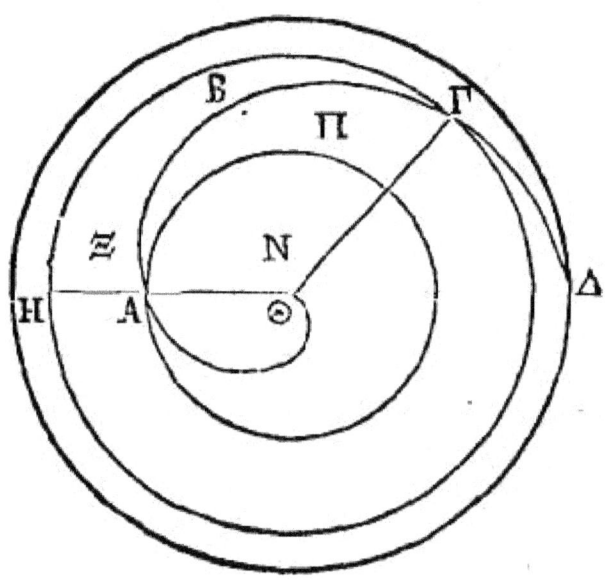

www.ingramcontent.com/pod-product-compliance
Lightning Source LLC
Chambersburg PA
CBHW050239230526
45470CB00005B/2025